普通高等教育"十二五"规划教材

高等学校计算机科学与技术系列教材

网页设计理论与实践

吴志祥　主编

科学出版社

北　京

内 容 简 介

本书系统全面地介绍了网页制作技术的基本理论和实际应用。全书分为三篇，共16章。上篇（第1～7章）介绍了网站和网页的基础知识，主要介绍了网页制作的基础——HTML标记语言；中篇（第8～11章）介绍了用于实现网页交互效果和动态效果的客户端脚本技术；下篇（第12～16章）介绍了服务器端脚本技术和网站建设方面的知识，主要介绍了利用ASP提供对象与组件编写含有数据库访问的动态网页。

本书写作特色鲜明，而且有与本书配套的教学网站（http://www.wustwzx.com/webdesign/index.asp）。在完成每一阶段的学习之后，读者可以通过做在线测试检验知识的掌握程度。在上机操作时，读者可以按照实验内容依次练习，网站中包含有设计效果演示和源代码下载。

本书可以作为大专院校网页设计的教材，也可以作为高职高专学生学习网页设计的教材，还可以作为网页设计爱好者的入门参考书。

图书在版编目（CIP）数据

网页设计理论与实践/吴志祥主编. —北京：科学出版社，2011.9

普通高等教育"十二五"规划教材　高等学校计算机科学与技术系列教材

ISBN 978-7-03-032261-6

Ⅰ. 网… Ⅱ. 吴… Ⅲ. 网页制作工具－高等学校－教材 Ⅳ. TP393.092

中国版本图书馆 CIP 数据核字（2011）第 178605 号

责任编辑：黄金文/责任校对：董　丽
责任印制：彭　超/封面设计：苏　波

科 学 出 版 社 出版

北京东黄城根北街 16 号
邮政编码：100717
http://www.sciencep.com

武汉市新华印刷有限责任公司印刷
科学出版社发行　各地新华书店经销

*

2011 年 8 月第　一　版　　开本：787×1092　1/16
2011 年 8 月第一次印刷　　印张：15 1/4
印数：1—4 000　　　　　　字数：337 000 千字

定价：29.00 元
（如有印装质量问题，我社负责调换）

前　言

目前,Internet 网络已经深入到千家万户,使用因特网进行信息查询、网上信息发布和网上电子商务已经是司空见惯的事,因此,对网页设计与网站建设人才的需求在不断增加。

本书系统全面地介绍了网页设计的基本理论和实际应用。全书分为三篇,共 16 章。上篇(第 1～7 章)介绍了网站和网页的基础知识,主要介绍了网页制作的基础——HTML 标记语言;中篇(第 8～11 章)介绍了用于实现网页交互效果和动态效果的客户端脚本技术;下篇(第 12～16 章)介绍了服务器端脚本技术和网站建设方面的知识,主要介绍了利用 ASP 提供的对象与组件编写含有数据库访问的动态网页。

本书以实用为出发点,不但包括了网页制作的基础理论,而且强调网页制作的具体应用。每一章按照"问题背景—基础理论—实际应用"的方式撰写,同时配有练习题和答案,这极大地方便了教学和学生自学。

本书写作特色鲜明,一是没有按照传统大而全的写法,例如抛弃了对不常用属性的 HTML 标记及其属性的介绍;二是例子生动,紧扣理论,很多例子是作者自行设计的;三是上机软件环境容易搭建,上篇及中篇的学习只需安装 Dreamweaver 软件,下篇的学习只需另装 Windows 的 IIS 组件和 Access 数据库软件;四是充分利用 Dreamweaver 软件的联机支持功能和可视化环境,减少了学生对 HTML 标记、属性的记忆负担;五是课程体系严密,目录设置合理,同时对各章之间的联系进行了说明;六是图文并茂,书中有很多上机实验时的截图,方便读者理解;七是本书首次将静态网页制作、客户端脚本应用和动态网页制作整合在一本书中。

网页设计是操作性很强的一门课程,为此,作者建立了与本书相配套的上机实验网站。对于每一阶段的学习,都要求上机实验。每次实验都有实验目的、实验内容及步骤和实验小结。上机时,学生可以先查看设计效果演示,然后下载源代码供研究相关知识点和试验使用。此外,读者还可以在计算机上通过做在线测试来检验知识的掌握程度。

本书可以作为大专院校学生学习网页设计(或 Web 技术)的教材,也可以作为高职高专学生学习使用,还可以作为网页设计爱好者的入门参考书。

本书建议理论学时为 40,实验学时为 24。如果由于时间限制,教师可以去掉打星号" * "的内容。

获取本书配套的课程教学资料,可访问 http://www. wustwzx. com/webdesign/index. asp。

由于作者水平有限,书上错漏之处在所难免,在此真诚欢迎读者多提宝贵意见,读者通过访问作者的教学网站 http://www. wustwzx. com 留言即可,以便再版时更正。

作　者

2011 年 8 月于武汉

目　　录

上篇　基本 HTML 网页制作

中篇　客户端脚本与网页动态效果

上篇 基本 HTML 网页制作

本篇共分 7 章,首先介绍了网站与网页等基本概念,然后介绍了在页面中引入文本、图像、声音、动画等网页元素的方法,使用 CSS 样式修饰网页元素的方法,使用表格、层、框架布局网页元素的方法,最后介绍了作为下篇基础的表单的制作方法。各章具体内容如下。

- 网站与网页概述
- 文本、图像及 CSS 样式
- 超链接
- 表格制作
- 多媒体标记
- 框架、页面框架与层
- 表单制作

第1章 网站与网页概述

Internet 上的 Web 站点一般由多个页面组成，所有的页面均放在服务器上，服务器向位于客户端发出请求的计算机提供服务。每个 HTML 文档对应一个 Web 页面，页面是浏览器窗口中看到的内容。浏览器是安装在客户端的程序，它解释 HTML 文档中的代码并将结果显示在浏览器窗口里。超文本是指可以加入图片、声音、动画、影视等内容，可以从一个文件跳转到另一个文件，与世界各地主机的文件相连接的文档。本章学习要点如下：

- 掌握网站、网页等基本概念；
- 掌握 WWW 服务的工作过程；
- 掌握 HTML 文档的一般结构；
- 掌握网页编辑软件 Dreamweaver 的特点；
- 掌握在 Dreamweaver 中建立站点的方法。

1.1 网站

1.1.1 WWW 与网站

Internet 能提供的服务包括 WWW 服务（网页浏览服务）、FTP 服务（文件传输服务）、电子邮件服务等。

WWW（World Wide Web，译为"万维网"）是 Internet 提供的服务之一，也是 Internet 发展最快速的部分。WWW 由遍布在 Internet 上的 Web 服务器组成，它将不同的信息资源有机地联系在一起，通过"浏览器"软件进行浏览。

网站即 Web 站点，由一系列逻辑上可以视为一个整体的多个页面组成，这些页面之间存在链接关系。此外，网站还指页面中用到的素材文件（如图像、动画等）和访问的数据库文件。

当用户连接到 Internet 后，如果在浏览器地址栏输入一个 Internet 地址（域名或 IP 地址）并按回车后，相当于客户端发出了对网站主页的请求。如果请求的页面是静态页，则 Web 服务器会将该页面代码直接传送到客户端，然后由客户端的浏览器解释，显示相应的页面。如果客户端请求的页面为动态页，则需先由 Web 服务器的相关软件将动态内容解释为 HTML 代码，然后再发送到客户端，最后由客户端浏览器显示该页面，如图 1-1 所示。

主页是网站中的一个特殊页面，它包含了指向其他页面的超链接。主页文件一般命名为 index.html 或 index.asp 等。在建立网站时，一般要设置站点根目录和主页名称（参见 1.4.2 和 11.3 节）。

图 1-1　Web 页面处理过程

1.1.2　B/S 结构

B/S 即 Browser/Server,代表浏览器/服务器。对于 B/S 结构,只要在客户机上安装一个浏览器,在服务器端安装 SQL Server 等数据库软件,客户端便能访问网站里的数据库资源。B/S 结构的最大优点是客户端不需要安装其他专门的软件,即实现了客户端软件的零维护。

1.1.3　超文本传输协议 http

http 是一种以 TCP/IP 通信协议为基础的应用协议,它提供了在 Web 服务器和客户端浏览器之间传输信息的一种机制。从本质上说,http 不是一种通信协议,而是一种应用程序,其作用类似于 FTP 等。

当浏览器指向 Web 服务器时,http 将在客户端和服务器指定的端口之间建立 TCP/IP连接,并将客户端请求的 HTML 文档从 Web 服务器传输到客户端。

注意:当传输一个 HTML 文档时,如果遇到内嵌对象的引用(如图像、声音等),Web服务器就会建立一个单独的 TCP/IP 连接,上网时可从浏览器的地址栏里观察到。

1.1.4　网站的三个主要属性

网站属性有许多。网站根目录是指站点在网站服务器上的目录位置,它是网站的三个主要属性之一。另外的两个属性分别是网站的 IP 地址和网站的主页,其设置方法见 11.3 节。

1.2　网页

1.2.1　网页分类

网页可分为静态网页和动态网页两种。有的人简单地理解动态网页就是可以"动"的网页,比如网页上面有 gif 或者 Flash 动画、音频、视频之类的多媒体,其实是错误的。实际上,有些动态网页是没有这些元素的,全部都是文字。当然,也有很多网页是很"动"的,但本质上仍是静态网页。

静态网页是指不运行程序而直接制作成 HTML 网页,这种网页的内容是固定的,修改和更新后都要重新上传一次,以覆盖原来的页面。

动态网页含有只能在服务器端运行的脚本。大多数动态网页通过脚本将网站内容动态存储到服务器端的数据库,用户在客户端看到的页面是通过读取数据库动态生成的网页。

1.2.2　超文本标记语言简介

一个网页文档,可以认为是影响网页内容及其显示格式的标记符的集合。浏览器打开一个网页的过程,也就是浏览器程序解释该文档内的所有标记的过程。

1. 标记与标记语言

1) SGML 标记语言

SGML 是 Standard Generic Markup Language 的英文缩写,即标准通用标记语言。

2) XML 标记语言

XML 是 SGML 的一个子集,着重描述的是 Web 页面的内容,它是 Web 发展的趋势。

3) XHTML 标记语言

XHTML 可以认为是 XML 版本的 HTML。

4) HTML 标记语言

HTML 着重描述 Web 页面的显示格式。

5) DHTML 标记语言

目前 DHTML 没有统一的标准,DHTML 不是一种技术、标准或规范,DHTML 只是一种将目前已有的网页技术、语言标准整合运用,制作出能在下载后仍然能实时变换页面元素效果的网页的设计概念。DHTML 的主要含义是在 HTML 的基础上,使用 CSS 样式技术格式化文本或图像(参见 2.2 节)和使用客户端脚本实现页面元素的动态效果(参见中篇)。

XML 既不是 HTML 的升级技术,也不是 HTML 的替代技术,它们有各自的应用领域。以下是 XHTML 相对 HTML 的几大区别:

- XHTML 要求正确嵌套。
- XHTML 所有元素必须关闭。
- XHTML 区分大小写。
- XHTML 属性值要用双撇号。
- XHTML 用 id 属性代替 name 属性。

2. HTML 标记语言

HTML 是 Hyper Text Markup Language 的英文缩写,即超文本标记语言。在 HTML 中,所有的标记符都是用一对尖括号括起来,绝大部分标记符都是成对出现的,包括开始标记符和结束标记符。开始标记符和相应的结束标记符定义了该标记符作用的范围。结束标记符与开始标记符的区别是结束标记符在小于号之后有一斜杠。例如定义滚动文本的 HTML 代码为:

＜Marquee＞滚动文本＜/Marquee＞

注意:HTML 标记符不区分大小写,＜TITLE＞和＜Title＞效果一样,＜IMG＞和＜img＞效果也一样。

3. HTML 标记的属性及其属性值

对于大多数标记符,还包括一些属性,每个属性有一个或多个属性值,以便对该标记表示的对象进行详细的控制。

属性是用来描述对象特征的,如一个人的身高、体重就是人这个对象的属性。在 HTML 中,所有的属性都放在开始标记符的尖括号里,属性和标记符之间用空格隔开;属性的值放在相应属性之后,用等号隔开,并且一般用一对双撇号括起来(或者使用一对单撇号,或者不使用撇号);而不同的属性之间用空格隔开。例如,插入图像时,可以使用 ＜img＞标记的 width、height 等属性,相应的 HTML 标记如下:

           ＜IMG src='jpg/01.jgp' Width="100" Height=150＞

注意:HTML 标记的属性及其属性值,如同 HTML 标记一样,也不区分大小写。

1.2.3　HTML 文档结构及注释

1. HTML 文档结构

一个网页实际上对应于一个 HTML 文件,通常以 html 为扩展名,可以使用任何的文本编辑软件编辑(如 Windows 的记事本程序)。任何 HTML 文档都包含的基本标记符包括成对的 HTML 标记符＜HTML＞…＜/HTML＞、成对出现的头部标记符＜HEAD＞…＜/HEAD＞、成对出现的标题标记符＜TITLE＞…＜/TITLE＞和成对出现的主体标记符＜BODY＞…＜/BODY＞。一个简单的 HTML 文档代码如图 1-2 所示,浏览效果如图 1-3 所示。

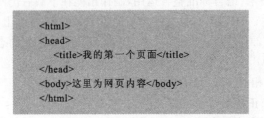

```
<html>
<head>
    <title>我的第一个页面</title>
</head>
<body>这里为网页内容</body>
</html>
```

图 1-2　一个简单的 HTML 文档

图 1-3　一个简单页面的浏览效果

注意：＜title＞和＜/title＞之间的内容在浏览器标题栏显示，即为页面或是网站的名称，＜body＞和＜/body＞之间的内容在浏览器窗口的主体部分显示。

2. HTML 文档注释

HTML 文档中的注释，对页面浏览不起作用，它们在 DW 中编辑时颜色为灰色。在文档的不同部分，其注释方法也不相同。两种注释方法如图 1-4 所示。

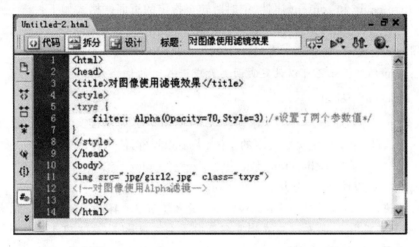

图 1-4　网页文档中的注释方法

1）主体部分的注释

在 HTML 文档中，在主体部分实现对 HTML 标记的注解，其方法是：
＜!--注释内容--＞

2）内部样式中的注释

对 CSS 样式属性的注释（CSS 样式见 2.2 节），其注释方法如下：
/＊注释内容＊/

注意：HTML 文档中也可以包含客户端脚本，对脚本命令的注释方法参见 8.2.3 节。

1.2.4　网页头部的＜Meta＞和＜BaseFont＞标记

1. ＜Meta＞标记

在 Dreamweaver 中新建一个 HTML 网页时，在代码窗口中自动包含了一条＜meta＞标记，说明文档类型和使用的语言，一般是可省去的。实际上，通过设置＜meta＞标记的不同属性和属性值，可以实现网站（页）的不同功能。下面介绍＜meta＞标记的其他用法。

1）为搜索引擎提供本页面的制作者

设置 name 和 content 属性，为搜索引擎提供本页面的作者。格式如下：
＜meta name="Author" content="作者姓名"＞

2）为搜索引擎提供搜索关键词

设置 name 和 content 属性，为搜索引擎提供本页面的关键词。格式如下：
＜meta name="keywords" content="关键词 1,关键词 2,…关键词 n"＞

3）定时跳转到指定的页面

设置 http-equiv 和 content 属性，定时跳转至指定的页面。格式如下：

<meta http-equiv="Refresh" content="时间；url=目标网页">

其中，时间单位为秒，如果目标页面为自己本身，则实现本页面的定时刷新。

4）设置网页到期时间

设置 http-equiv 和 content 属性，定时跳转至指定的页面。格式如下：

<meta http-equiv="Expires" content="将来时间">

其中，时间格式有要求，如 Mon，12 May 2050 00：20：00 GMT。

注意：<meta>标记还可以设定页面离开或进入时的切换效果，参见 3.1.6 节。

2. <BaseFont>标记

Font 表示字体，Base 表示基本之意，<BaseFont>称为基准文字标记，也是单独标记，位于文档头部，用于设定页面文本的字体、大小和颜色，使用格式如下：

<basefont Face=？ Size=？ Color=？>

其中，Face 为字体属性、Size 为大小属性、Color 为颜色属性。

注意：在使用网页设计软件 Dreamweaver（见 1.3 节）编辑时，文本的字体、大小和颜色等效果不会呈现出来，他们只有在浏览网页时才会显现出来，这不同于其他所见即所得的 HTML 标记（如<IMG>等）。

1.2.5 查看浏览页面的源代码

鼠标在页面的空白处单击右键，如果出现的快捷菜单中有"查看源文件"，选择该项，如图 1-5 所示，系统将自动使用 Windows 的记事本打开源文件，操作者通过记事本程序的文件菜单可以保存该页面的源代码。

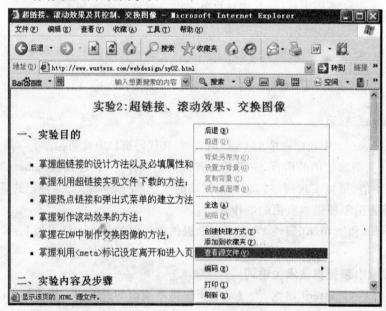

图 1-5　使用快捷菜单获取页面源代码的方法

有时，因鼠标点击的位置原因，可能没有出现"查看源文件"。使用浏览器窗口的"查看"菜单，再选择"源文件"，是查看源代码的可靠的方法，如图 1-6 所示。

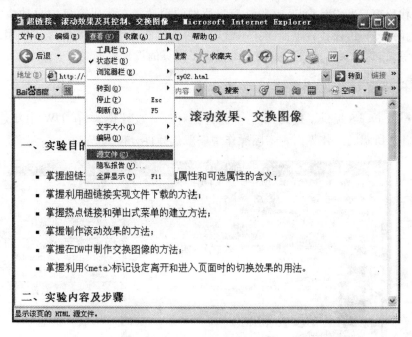

图 1-6　使用浏览器的查看菜单浏览页面的源代码

1.2.6　统一资源定位器、相对引用与绝对引用

URL 是 Universal Resource Locator 的英文缩写，即统一资源定位器。URL 是表示 Web 上资源的一种方法，可以理解为资源的地址。一个 URL 通常包括协议类型、主机地址、文件在主机中的路径和文件名（含扩展名）等。

例如：访问 http://www. wustwzx. com/webdesign/sy01. html，可以理解为通过 HTTP 协议访问网络中的主机（用 www. wustwzx. com 表示）的站点根目录下的 webdesign 文件夹下的名为 sy01. html 的网页。

在网页中引用资源时，既可以使用绝对路径，也可以使用相对路径。绝对路径是指使用完整的 URL，相对路径是指使用相对于站点根目录而言的路径。

使用 Dreamweaver 软件设计网页时，一般要先建立一个站点，并将所需的资源文件复制到站点根目录里（参见 1.4 节），设计网页时对资源文件的引用采取相对路径。采用相对路径的好处是便于网站的上传和移植，即改变站点目录的位置时不需要修改其内的网页文件。

1.3　网页制作工具 Dreamweaver 介绍

早期，只能使用像 Windows 的"记事本"这样的纯文本编辑器编辑网页，它要求网页设计者能正确拼写各种 HTML 标记的名称，掌握每个 HTML 标记的各种属性，其记忆量是很大的。

目前,由 MacroMedia 公司开发的网页设计软件 Dreamweaver 8,在网页制作中得到了广泛的应用。Dreamweaver(以下简称为 DW)是一款所见即所得的网页编辑器,它同时提供了代码窗口和设计窗口,在设计窗口所做的设计能在代码窗口中自动生成相应的HTML 代码。同时,设计者也能在代码窗口中自由地修改代码及属性等。使用工具设计与写代码等效,这种灵活的设计方法大大提高了网页的设计效率。

1.3.1 代码窗口与设计窗口同步显示

Dreamweaver 8 提供了代码、拆分和设计三种网页设计模式,在 DW 中新建网页时,出现如图 1-7 所示的工作界面。实际操作中一般选择拆分模式。

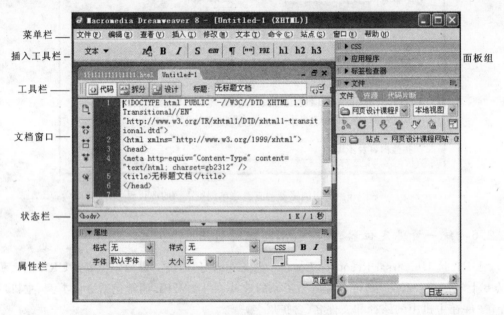

图 1-7 Dreamweaver 8 工作界面

1.3.2 设计工具及其分类

在 DW 中,当鼠标位于工具栏的某个工具上时,会出现相应的中文解释文本,如图1-8所示。

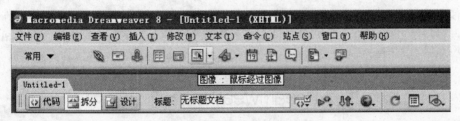

图 1-8 DW 工具栏

注意:在工具栏中,右边含有下三角的工具表明该处可以进一步选择,即多个工具处于工具栏的同一位置。例如,图像工具和鼠标经过图像工具。

不仅如此,DW 的工具还是分类存放,分为常用、布局、表单、文本等,单击"常用"右边向下的三角,即可选择工具类别,如图 1-9 所示。

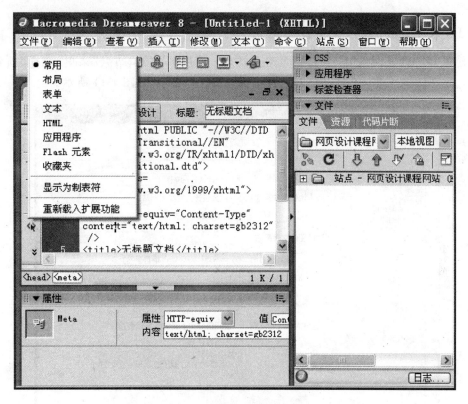

图 1-9　DW 工具分类显示

例如:超链接、插入图像、表格等工具就出现在"常用"工具栏里,列表工具出现在"文本"工具栏里,单选按钮、下拉列表等出现在"表单"工具栏里。

注意:(1) 使用设计工具时,对于活动光标位于代码窗口还是设计窗口没有要求,但写代码时必须将活动光标位于代码窗口。

(2) 有些工具旁边还有一个向下的三角,表示可以进一步选择。例如,图像工具和鼠标经过图像工具就在一起。

1.3.3　Dreamweaver 8 的主要面板

DW 提供了丰富的面板,以方便网页设计。例如属性面板、CSS 样式面板、文件面板、行为面板和框架面板等。使用 DW 的"窗口"菜单,可以查看打开这些面板的快捷键(关闭也是)。DW 的"窗口"菜单的主要菜单项如图 1-10 所示。

插入(I)	Ctrl+F2
属性(P)	Ctrl+F3
CSS样式(C)	Shift+F11
层(L)	F2
行为(E)	Shift+F4
数据库(D)	Ctrl+Shift+F10
绑定(B)	Ctrl+F10
服务器行为(O)	Ctrl+F9
组件(S)	Ctrl+F7
文件(F)	F8
资源(A)	F11
代码片断(N)	Shift+F9
标签检查器(T)	F9
结果(R)	F7
参考(F)	Shift+F1
历史记录(H)	Shift+F10
框架(M)	Shift+F2

图 1-10　DW 的"窗口"菜单的菜单项

1.4 站点的创建与使用

1.4.1 在 Dreamweaver 中建立站点

使用 DW 开发网站时，一般要先建立站点。使用 DW 的"站点"菜单，选择"新建站点"后，出现新建站点对话框。在对话框中选择"高级"选项，如图 1-11 所示。

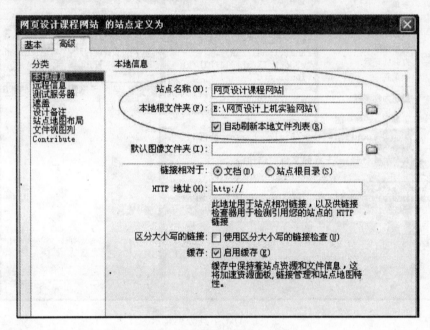

图 1-11　DW 新建站点对话框

简单的站点设置（上、中两篇的学习），只需对站点命名并指定站点根文件夹在本机上的路径；下篇的学习则需要进一步设置测试服务器（参见 12.3 节）。

1.4.2 站点的使用

在站点中新建一个网页，在引用站点目录中的素材文件前，一般先保存网页文件至站点目录里，这样的引用是相对引用（参见 1.2.6 节）。否则，在代码窗口中引用素材文件的路径的代码是绝对路径形式。

习　题　1

一、判断题（正确用"A"表示，错误用"B"表示）

1. 任何网页，都能使用 Windows 的记事本程序打开和编辑修改。

2. 在 HTML 中，标记的属性值可以加一对双撇号，也可以加一对单撇号，还可以不加。

3. 在 DW 中输入 HTML 标记时，必须先将活动光标置于设计窗口。

4. 在网页文档的不同部分，其注释方法是相同的。

5. 如果某个 HTML 标记使用多个属性，则各个属性名值对之间至少应有一个空格。

6. 在本地浏览网页，如果通过某个软件修改了该网页中引用的图像文件，则此时页面中的图像会立即变化。

二、选择题

1. 插入表格工具位于 DW 的_____工具栏里。
   A. 常用　　　　　　　B. 布局　　　　　　　C. 表单　　　　　　　D. 文本

2. 使用 DW 直接设置页面元素的外观，可借助于_____。
   A. 文件面板　　　　　B. 属性面板　　　　　C. 样式面板　　　　　D. 行为面板

3. 下列不是成对出现的 HTML 标记是_____。
   A. HTML　　　　　　 B. BODY　　　　　　 C. META　　　　　　 D. TITLE

4. 使用 DW 编辑网页时，若要浏览其效果，可按功能键_____。
   A. F12　　　　　　　 B. F4　　　　　　　　C. F9　　　　　　　　D. F10

5. 使用<BaseFont>标记设置页面文字的字体，应使用_____属性。
   A. title　　　　　　　B. size　　　　　　　 C. face　　　　　　　 D. color

三、填空题

1. 在 HTML 中，对于成对标记，无斜杠的标记表示该标记的作用开始，有斜杠的标记表示该标记的作用_____。

2. 网页可分为静态网页和_____网页。

3. 获取页面的 HTML 源代码，可使用浏览器窗口中的_____菜单。

4. 为搜索引擎提供关键字，需要在<meta>标记里的设置 name 属性值为_____。

5. 打开/关闭站点中的文件面板，应按功能键_____。

6. 对站点里素材（网页）文件的引用，可分为绝对引用和_____引用。

7. 在浏览器的地址栏里输入一个域名并回车，实质上是访问站点中_____页。

8. 使用相对引用方式引用站点中的资源文件，则该路径是相对于站点的_____目录而言的。

第 2 章 文本、图像及 CSS 样式

文本与图像是页面中最常见的元素,除了在相应的 HTML 标记中设置其属性外,还可以使用 CSS 样式格式化文本或图像,后者更能增强页面的表现效果。本章学习要点如下:

- 掌握网页中特殊文本的输入方法;
- 掌握文本控制的相关标记的用法;
- 掌握列表的建立方法;
- 掌握 CSS 样式的建立方法和三种应用方式;
- 掌握插入图像的方法。

2.1 特殊文本、文本修饰及控制标记

2.1.1 空格

空格在 HTML 标记中起着分隔的作用,例如标记名与属性名之间至少要有一个空格。但要产生多个作为文本的空格字符,则需要使用代码" "。在 DW 中,在代码窗口中输入" ",则在设计窗口中产生空格字符。当然,也可以在中文输入方式下使用全角的空格字符,但这样的空格一个相当于半角的两个。

注意:不要试图在 DW 的设计窗口中连续多次按空格以产生多个半角的空格文本字符,这与 Word 编辑文档不同。

2.1.2 文本修饰标记

1. 设置文本的大小、字体和颜色

在 DW 中,插入<font>标记并使用相关属性,可以设置文本的大小、字体和颜色,格式如下:

<center><font Size＝? face＝? Color＝?>文本</font></center>

在 DW 设计窗口中先输入文本,然后在文本前输入<font>标记,并充分利用 DW 的联机支持功能完成三个属性值的设置;

Size 属性值是字号,不是像素单位;

Face 属性是设置文本的字体;

Color 属性是设置文本的颜色,在 DW 中通过调色板选取色彩代码。其实,也可以使用代表颜色的英语单词,如 Red(红)、Blue(蓝)、Yellow(黄)等。

2. 加粗

对特定的文本加粗,可使用成对的<b>标记或<strong>标记。

注意:在 DW 中,先选择文本,然后使用属性面板中的加粗按钮,此时会在代码窗口中自动产生<strong>标记,其作用与使用<b>标记相同。下面的几个标记则必须在

DW 的代码窗口中使用。

3. 下画线标记

文本下画线,使用成对标记<u>及</u>。

4. 上标与下标标记

上标使用成对的<sup>标记。例如:x²的页面效果为 x^2。

下标使用成对的<sub>标记。例如:H₂O 的页面效果为 H_2O。

5. 删除线标记

对文本做删除记号,需要使用成对的<del>标记。例如:<del>毒品</del>的页面效果为"毒品"。

注意:文本修饰包括很多方面,可以使用 CSS 样式实现,参见 2.2 节。

2.1.3　换行标记

换行标记是
,是单标记,也没有任何属性。

2.1.4　段落标记

段落标记是<p>,与
标记相比,多产生一个换行,并且有 class 等属性。

在设计窗口中编辑文本按回车键时,在代码窗口中将自动产生一个段落标记。

2.1.5　列表标记

列表类型分为编号列表和项目列表两种。

在 DW 中,将活动光标置于设计窗口,选择"文本"工具栏,单击工具栏上的"ol"或"ul"工具,然后在设计窗口中逐行输入文本,即可创建列表。在 DW 中,这种方式创建列表很方便。

1. 编号列表

编号列表也称有序列表,创建后的代码及页面效果如图 2-1 所示。

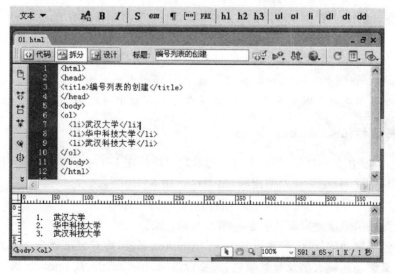

图 2-1　在 DW 中创建编号列表

显然，编号列表实际上由一对<OL>及</OL>和若干对<LI>及</LI>标记组成。编号列表标记<OL>中的一个重要属性是 start，表示编号列表的起始值，默认为 1。

注意：编号列表除了整数顺序外，通过重新定义<OL>标记的外观样式（参见 2.2.5 节），还可以实现字母顺序或罗马数字顺序。

2. 项目列表

无序列表也称项目列表，与编号列表类似，需要使用一对<UL>及</UL>和若干对<LI>及</LI>标记。项目列表的一个重要属性 type，表示列表使用的符号，默认为实心圆点（disc）。通过在<UL>标记中使用 type 属性，列表符号可以设置为空心圆点（circle）或方框（square）。通过重新定义<UL>标记的外观样式，还可以使用任意图片作为列表符号，参见 2.2.5 节。

3. 两种列表的嵌套用法

如果一种列表作为另一种列表中的一个列表项，则称为列表的嵌套。

【例 2.1】 一个编号列表内包含项目列表的例子如图 2-2 所示。

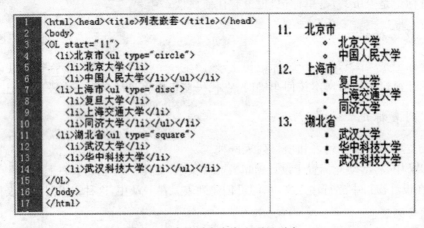

图 2-2　编号列表中嵌入项目列表

【制作要点】 在 DW 中先使用文本工具栏上的"ol"工具制作编号列表，然后在代码窗口中加上 start 属性，再将活动光标置于代码窗口的"北京市"后，分别单击文本工具栏上的"ul"及"li"工具后，在设计窗口中输入项目列表的列表项，最后在<UL>标记里设置 type 属性。

【源代码】 访问 http://www.wustwzx.com/webdesign/sj01-5.html。

注意：如果不使用 DW 的列表工具，单纯在代码窗口中写代码，其效率是低下的。

2.1.6　滚动标记<Marquee>

滚动文本（或图像）是网页设计中常用的表现手法。在 DW 中只能写代码，没有相应的工具。<marquee>标记是成对使用的，基本格式如下：

<marquee>滚动对象</marquee>

- 页面效果是滚动对象从右至左循环滚动。
- 要控制滚动的速度，需要设置 ScrollAmount 属性，即对象滚动步进像素间距。
- 定义滚动区域大小及背景颜色，需要设置 width、height 及 bgcolor 属性。

● 在网站首页中,通常含有向上滚动的新闻,此时除了需要设置大小属性外,还需设置方向属性,即 Direction=" up "。当鼠标经过时会停止滚动,这是通过定义 Marquee 对象的事件及事件处理方法实现的(参见中篇——客户端脚本与网页动态效果)。

此外,<marquee>标记还有 align 等属性,参见 DW 写代码时的联机支持功能。

注意:如果将<marquee>标记嵌入到表格的单元格标记内,此时对象就在单元格内滚动。另外,在<marquee>和</marquee>之间定义的滚动对象,除了文字外,还可以为一组图片(电影胶片效果)。

2.1.7　<Span>标记与<Div>标记

为了使用 CSS 样式(见 2.2 节)修饰文档中选定的文本,通常需要使用成对的区隔标记<Span>与</Span>。

区域标记<Div>与<Span>作用类似,但使用<Div>会多产生一个换行,而使用<Span>标记不会产生换行。另外,<Div>标记还可以用来定义层(参见第 6 章)。

2.2　CSS 样式及其应用

2.2.1　CSS 样式概述

CSS 是 1996 年底产生的新技术,是 Cascading Style Sheet 的缩写,译名为层叠样式表。CSS 是一组样式,它并不属于 HTML。把 CSS 应用到不同的 HTML 标记时,即可扩展 HTML 的功能,如调整字间距、行间距、取消超链接的下画线等效果,这是原来的 HTML 标记无法实现的效果。

由于 CSS 样式的引入,HTML 新增了<style>和<span>两个标记,对几乎每一个元素都新增了 3 个属性:style、class 和 id。

使用 CSS 技术,除了可以在单独网页中应用一致的格式外,对于大网站的格式设置和维护更具有重要意义。将 CSS 样式定义到样式表文件中,然后在多个网页中同时应用该样式表中的样式,就能确保多个网页具有一致的格式,并且能够随时更新(只需更新样式表文件),从而大大降低网站的开发和维护工作量。

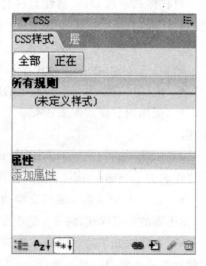

1. CSS 样式面板与 CSS 样式编辑

编辑一个 HTML 文档时,样式面板才可用(字体不变灰)。

如果 CSS 样式面板没有展开,可按快捷键 Shift＋F11,或者使用 DW 的"窗口"菜单,选择"CSS"样式。

折叠 CSS 样式面板,也是按 Shift＋F11。或者将鼠标移至上方的 CSS 文字处,此时会出现带下画线的超链接,单击即可折叠。再次单击,又会展开。如图 2-3 所示。

图 2-3　DW 中的 CSS 样式面板

在样式面板里，"＋"代表新建样式，铅笔代表编辑已经存在的样式，废纸篓代表删除样式。

双击样式面板里已经存在的样式，也可以编辑该样式。

2. CSS 样式分类

在 DW 中编辑 HTML 文档时，单击右上方样式面板里的"＋"，即可出现如下新建样式的对话框，如图 2-4 所示。

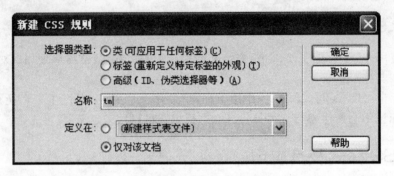

图 2-4　CSS 样式分类

类型一：定义可被任何标记引用的通用样式，由设计者随意命名一个样式；

类型二：重新定义 HTML 标记的外观样式，如 body、td 等，参见 2.2.5 节；

类型三：定义伪类样式，通常是设定超链接的样式，包括 a、a：hover（鼠标位于超链接上时的样式）、a：visited（被访问过的超链接的样式）和 a：active（超链接被选中时的样式）等。

2.2.2　内联样式与 CSS 样式属性

内联样式通过 style 属性直接套进定义对象的 HTML 标记中去，即 style 属性值就是内联样式，其使用格式如下：

<标记名 style="CSS 样式属性名值对">

例如：文字

- 内联样式因为与需要展示的内容融合在一起，因此会使网页维护工作非常麻烦。

- 使用内联样式需要记忆大量的 CSS 样式属性名，因此，使用内联样式实际中较少用。

- CSS 样式属性与 HTML 标记的属性不一定相同。例如：表示文本大小的 CSS 样式属性名为 font-size，而<font>标记中表示文本大小的属性名为 size。

- 在 DW 中虽然有联机支持功能选择样式属性（值），但没有通过样式面板那样直观（见下面的内部样式，图 2-5 是中文界面）。

- 本用法几乎可以应用于任何 HTML 标记，Style 属性值由若干对 CSS 样式属性名值对组成并使用一对双撇号，且名值对之间以分号分隔。

CSS 样式属性被分为类型、背景、区块、边框、列表、定位和扩展共八大类。其中类型主要定义文本的字体、大小、颜色、行高和修饰等。CSS 样式规则定义如图 2-5 所示。

2.2.3　内部样式

使用 DW 的样式面板，新建通用样式时，出现如图 2-5 所示的对话框。

图 2-5　在 DW 中借助样式面板新建通用样式

完成 CSS 样式定义并点击确定后，则在代码窗口中文档头部出现样式的定义，如图 2-6 所示。

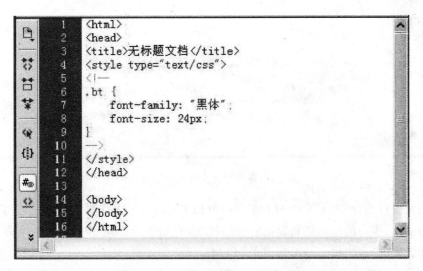

图 2-6　页面头部中的样式定义

其中，bt 是样式名称，在该名称前有一个"."，也称点样式。点样式定义后，在＜P＞、

<Span>、<OL>、<Li>等标记中可以通过 Class 属性引用该样式。

显然,样式定义包含在成对标记<Style>及</Style>内,每一个样式定义时都需要使用一对花括号。

注意:通用样式名前的"·"可以修改为"♯",相应地称为"♯"样式。此时,引用"♯"样式则需要使用 id 属性而不是 Class 属性。

2.2.4 外部样式

内部样式是指在页面文档头部建立的 CSS 样式,可供本页面中的所有 HTML 标记引用。如果要建立所有页面都能使用的样式,则需要建立外部样式。

外部样式文件是一个以 .CSS 作为扩展名的文本文件,其中包含了多个样式的定义,在 DW 中,使用菜单"文件"→"新建"→"常规"→"CSS 样式表",即进入新建 CSS 样式文件的编辑窗口,如图 2-7 所示。

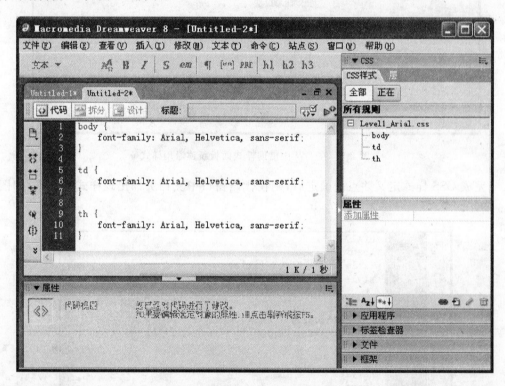

图 2-7 新建样式文件的编辑窗口

在上面窗口里,出现了三个 HTML 标记(即 body、td 和 th)作为样式名,它们分别代表页面的主体、表格的单元格和表格的行的样式,它们会自动应用于文档的主体、表格的单元格和表格的行,实质上是重新定义 HTML 标记的外观(见 2.2.5 节)。

若要建立通用的 CSS 样式,只需单击样式面板中的"+"按钮。

显然,样式文件由若干样式组成,与内部样式不同的是:样式文件中没有使用成对的<Style>及</Style>标记。

为了引用样式文件中的通用 CSS 样式，需要在页面的头部使用＜Link＞标记，格式如下：

＜link rel＝" stylesheet" href＝"扩展名为 css 的样式文件名"＞

其中 rel＝" stylesheet"表示引用文件和当前页面的关系，即引用文件修饰当前页面文件；href 属性设置了引用的 CSS 样式文件。两个属性都不可省略。

引用样式文件中定义的 CSS"·"样式，也是通过使用 Class 属性；引用 CSS"♯"样式，则通过使用 id 属性，这如同前面介绍的内部样式。

站点中不同的网页都可以定义文件中的样式。使用外部样式文件的好处是保证整个站点的 HTML 文件在风格上保持一致，避免重复的 CSS 属性设置，而且容易修改。

2.2.5　重新定义 HTML 标记的外观

如果不定义 CSS 样式，默认情况下，新建 HTML 文档时，在页面主体部分输入的文本大小是 16px(像素)、黑色。

如果重新定义＜body＞标记的外观，也就是定义 body 样式(参见图 2-7)，则输入文本时将自动应用 body 样式。

注意：重新定义 HTML 标记的外观时，相应的样式前面没有"·"，这不同于通用的点样式。

*2.2.6　使用纯 CSS 样式制作导航菜单

导航条一般位于页面顶部或左部，方便易用的导航是网站成功的关键。

使用纯 CSS 制作的导航条，具有风格一致的鼠标悬停效果，能使访问者对网站有合理的控制感，其关键技术是设置超链接(详见第 3 章)的各种鼠标样式。

【例 2.2】　水平菜单制作。

【浏览效果】　访问 http://www.wustwzx.com/webdesign/sj02-16b.html，当鼠标不在菜单项(超链接)上时，没有下画线；当鼠标位于某个菜单项时，超链接出现新的背景，出现下画线，这增强了交互感。浏览效果如图 2-8 所示。

图 2-8　纯 CSS 制作的水平菜单

【制作要点】

- 定义超链接标记＜A＞的样式 a 及伪类样式 a:hover;
- 在页面中定义若干个超链接(参见第 3 章);
- CSS 定位属性。

【源代码】 访问 http://www.wustwzx.com/webdesign/sj02-16a.html。

```
<html>
<head>
<title> 纯 CSS 制作的水平菜单</title>
<style>
*{
padding:0;
margin:0;}
a{   width:80px;/*超链接的高度*/
     height:26px;/*超链接的宽度*/
     border-right:#FFFFFF 1px solid;
     background:url(jpg/bg123.jpg);/*背景图片*/
     display:block;/*让对象超链接成为块级对象*/
     text-align:center;/*水平居中对齐*/
     line-height:30px;/*行高*/
     position:relative;/*相对定位(默认值)*/
     text-decoration:none;/*取消超链接默认的下画线*/}
a:hover{
     background:url(jpg/01.jpg);
     text-decoration:underline;}
/*试验方法:在 DW 中使用样式面板编辑*/
/*试验 1:将 position 的属性值设置为 absolute 后浏览,观察出现什么效果?*/
/*试验 2:去掉 position 属性后浏览,观察其效果是否有变化?*/
/*试验 3:去掉属性名值对"text-decoration:none"后浏览,观察其效果有什么变化?*/
/*试验 4:去掉最前面的星号样式,观察浏览效果的变化*/
</style>
</head> <body>
<ahref="#"> hello</a>
<ahref="#"> web</a>
<ahref="#"> design!</a>
</body>
</html>
```

下面介绍水平菜单的另一种制作方法。

【制作要点】

- 用项目列表的列表项表示水平菜单项;
- 设置列表项的定位方式;
- 定义多级的超链接标记＜A＞的样式 menu ul li a 及伪类样式 menu ul li a:

hover。

【源代码】 访问 http://www.wustwzx.com/webdesign/sj02-16aa.html。

```
<html>
<head>
<title> 纯 CSS 制作的水平菜单</title>
<style type="text/css">
*{   /*星号表示所有元素*/
    margin:0;/*外填充*/
    padding:0;/*内填充*/}
.menu ul li {
    font-size:14px;/*设定主菜单文字大小*/
    float:left;/*实现项目列表的列表项的水平放置*/}
.menu ul li a{
    display:block;
    border:1px solid #aaa;
    background:red;/*主菜单的背景*/
    padding:2px 10px;
    margin:3px;color:#fff;
    text-decoration:none;}
.menu li a:hover{
    background:#f2cdb0;
    color:#f00;
    border:1px;text-decoration:underline;
    solid red;}
</style>
</head>
<body>
<div class="menu">
    <ul>  <!--菜单被看作为一个项目列表-->
        <li><a href="">超文本标记与样式基础</a></li>
        <li><a href="">客户端脚本</a></li>
        <li><a href="">建站技术</a></li>
    </ul>
</div>
</body>
</html>
```

【例 2.3】 弹出式菜单制作。

【浏览效果】 访问 http://www.wustwzx.com/webdesign/sj02-16b.html,当鼠标位于某个菜单项上时,会弹出相应的次级菜单,鼠标离开时次级菜单消失,如图 2-9 所示。

【制作要点】

● 定义多级的伪类样式;

图 2-9　纯 CSS 制作的弹出式菜单

- 所有菜单项作为一个项目列表；
- 每个菜单项的弹出式菜单又是一个项目列表并置于一表格(见第 4 章)内；
- CSS 定位属性 Position；
- CSS 可视属性 Visibility。

【源代码】　访问 http://www. wustwzx. com/webdesign/sj02-16b. html。

```
<html>
<head>
<title> 纯 CSS 制作的弹出式菜单< /title>
<style type="text/css">
*{ /*星号表示所有元素*/
    margin:0;/*外填充*/
    padding:0;/*内填充*/}
.menu{position:relative;z-index:100;}
.menu ul li{
    font-size:14px;/*设定主菜单文字大小*/
    list-style:none;/*设定列表无样式*/
    float:left;/*水平菜单*/
    position:relative;
    }
.menu table {
    position:absolute;
    top:0;left:0;/*列表菜单与主菜单项的距离*/}
.menu ul li ul {
    visibility:hidden;/*菜单项通常是不可见的*/
    position:absolute;/*菜单项绝对定位*/
    text-align:left;
    left:3px;top:23px;
    }
```

```
.menu ul li ul li {font-size:12px;/*设定菜单项文字的大小*/}
.menu ul li a:hover ul{
    visibility:visible;/*菜单项在鼠标移至超链接上时可见*/}
.menu ul li a{
    display:block;
    border:1px solid #aaa;
    background:red;/*主菜单的背景*/
    padding:2px 10px;
    margin:3px;color:#fff;
    text-decoration:none;}
.menu a:hover{
    background:#f2cdb0;
    color:#f00;
    border:1px
    solid red;}
.menu ul li ul li a{
    display:block;
    width:100px;
    height:13px;
    margin:0;
    border:0;
    border-bottom:1px solid red;
    background-color:#00FF00;/*菜单项颜色:绿色背景*/
}
.menu ul li ul li a:hover{
    border:0;
    border-bottom:1px solid #fff;
    background-color:#FFFF00;/*菜单项鼠标经过时的背景颜色:黄色*/
}
</style>
</head>
<body>
<div class="menu">
<ul>    <!--菜单被看作一个项目列表-->
    <li> <a href="">超文本标记与样式基础<!--将表格作为特殊的文本-->
      <table> <tr> <td>
        <ul>
            <li> <a href="">标准</a> </li>
            <li><a href="">教程</a> </li>
            <li><a href="">技术文章</a> </li>
            <li><a href="">常见问题</a></li>
            <li><a href="">布局教程专题</a></li>
```

```
<li><a href="">CSS 菜单</a></li>
<li><a href="">浏览器兼容</a></li>
<li><a href="">滚动条相关</a></li>
<li><a href="http://www.wustwzx.com">吴志祥的教学网站</a></li>
<li><a href="">CSS 特效欣赏专题</a></li>
</ul>
</td></tr></table><!--表格定义结束--></a></li>

<li><a href="">客户端脚本<table><tr><td>
<ul>
<li><a href="">JSON</a></li>
<li><a href="">技术文章</a></li>
</ul>
</td></tr></table></a>
</li>

<li><a href="">建站技术<table><tr><td>
<ul>
<li><a href="">ASP</a></li>
<li><a href="">ASP.NET</a></li>
<li><a href="">JSP</a></li>
<li><a href="">SQL</a></li>
<li><a href="">Flash</a></li>
<li><a href="">Dreamweaver</a></li>
</ul>
</td></tr></table></a> </li>
</ul>
</div><!--菜单定义结束-->
<!--说明:使用 DW 的行为面板制作的弹出式菜单会产生较多的 JS 代码-->
</body>
</html>
```

2.3　插入图像/鼠标经过图像

2.3.1　插入图像

在 DW 的"常用"工具栏里,选择"图像"工具或在 DW 代码窗口输入插入图像的标记 <img>,均能在页面中插入图像。图像标记的相关属性如下。

- Src:图像来源,必选属性,文件类型可以是 jpg,gif,bmp 等。
- Width 和 Height:图像的高度和宽度属性,单位为像素。
- Title 与 Alt:Title 用于设置浏览网页鼠标置于图像上时出现的说明文本;Alt 用

于设置当图像文件不存在时出现在图像框里的替代文本。

插入图像时，还要注意以下几点。

（1）在页面中插入图像并不是将图像的点阵信息复制到网页文件里，而是一种引用关系，这一点与 Word 文档中插入图像是不同的。因此，在网页设计时，先要建立站点文件夹，并把网页要引用的素材文件（夹）复制到站点里（参见 1.4.2 节）。

（2）在本地浏览一个引用了图像的网页时，如果通过某个软件修改并保存了该图像文件，此时页面中的图像并不会立即变化，在单击浏览器工具栏的"刷新"按钮后，页面中的图像才会相应地变化。这进一步表明了页面生成的过程，就是浏览器解释 HTML 代码的过程。

（3）在 HTML 文档中，使用＜img＞标记能插入 jpg 图片和 gif 动画，但不能插入 Flash 动画。并且，页面中的 gif 动画效果只能在浏览页面时才会显现出来（在 DW 中编辑时不会显现）。

2.3.2　插入鼠标经过图像

鼠标经过图像是一种特殊效果，也称交换图像，是指在页面中的同一位置显示两幅图像，这两幅图像当鼠标经过和离开时自动切换。

在 DW 中，使用常用工具栏上的图像工具里的"鼠标经过图像"工具，或者使用菜单"插入"→"图像对象"，则会出现对话框，选择用于交换显示的两个图像文件。

鼠标经过图像能增强页面的交互效果。例如，将页面导航的每一功能做成两个有区别的图片，然后设置鼠标经过图像效果。鼠标经过该图像前和经过时会有图像的变化，如图 2-10 所示。

图 2-10　鼠标经过图像前后的两种效果

注意：
- 使用 DW 制作鼠标经过图像，会在文档头部生成一些脚本代码。
- 一种更简单的制作鼠标经过图像的方法是定义内联式脚本，参见例 8.4。

2.4　滤镜及其应用

2.4.1　定义滤镜样式

CSS 滤镜是 CSS 样式的扩展，它能将特定效果应用于文本容器、图片或其他对象。CSS 滤镜通常作用于 HTML 控件元素：img，input，marquee，span，table，td，textarea，div 等。

在样式定义对话框中，选择"扩展"，再选择滤镜名称并输入滤镜参数，如图 2-11 所示。

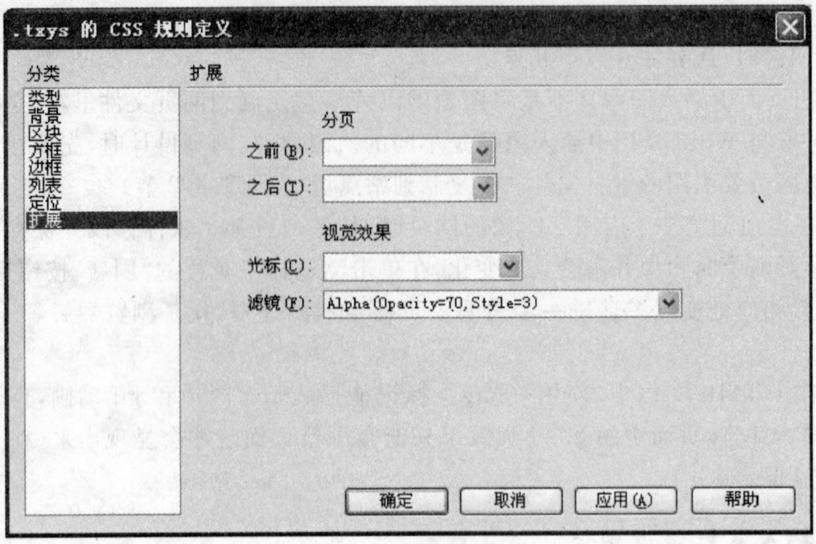

图 2-11　滤镜样式对话框

　　选择滤镜名称、输入滤镜参数后,单击"确定"按钮,在文档头部的样式定义如图2-12所示。

　　显然,在名为 txys 的样式中,filter 是作为一个特殊的 CSS 样式属性使用的,其属性值是一个包含有若干参数名值对的滤镜。一般地,定义 CSS 滤镜的格式如下:

　　　　　　filter:滤镜名称(参数 1:值 1,参数 2:值 2[,...])

2.4.2　文字的 Shadow 滤镜

　　对空间文字(例如,位于表格单元格内的文字)应用 Shadow 滤镜,其使用方法如下:

　　　　　　filter:shadow(color=?,direction=?)

　　其中,参数 color 表示阴影的颜色,可使用代表颜色的英文单词,如 red、blue、green 等;参数 direction 表示阴影的方向,取值 0~360。在文档头部定义的滤镜样式如图 2-12 所示。

```html
<html>
<head>
<title>定义滤镜样式</title>
<style type="text/css">
.txys {
    filter: Alpha(Opacity=70,Style=3);
}
</style>
</head>
<body>
</body>
```

图 2-12　在文档头部定义的滤镜样式

表格单元格内文字的阴影效果见图 2-13 上半部分,表格制作参见第 4 章。

图 2-13　文字的阴影效果和图像的透明效果

【源代码】　访问 http://www.wustwzx.com/webdesign/sj03-6.html。

2.4.3　图像的 Alpha 滤镜

Alpha 滤镜包含有两个重要参数:Opacity 和 Style,Alpha 滤镜的用法格式如下:

$$filter:alpha(opacity=?,style=?)$$

其中,参数 Opacity 表示图像的不透明度,取值范围为 0~100。

- Opacity=0,表示完全透明,此时完全看不清图像,而只能看到背景。
- Opacity=100,表示完全不透明,此时只能看到原图像,而看不见背景。
- Opacity 取大于 0 且小于 100 的值,则部分能看清图像,即是图像与背景的叠加效果。
- 参数 Style 表示透明区域的形状特征,取值 0、1、2、3,分别代表均匀渐变、线性渐变、放射渐变和矩形渐变。

对图像应用 Alpha 滤镜后的效果,如图 2-13 下半部分所示。

习 题 2

一、判断题（正确用"A"表示，错误用"B"表示）

1. 在 HTML 中，title 既是标记名，又是属性名。

2. 内联样式是通过使用 Style 属性实现的。

3. 单元格中的内容不能是图像。

4. CSS 样式属性与 HTML 标记的属性相同。

5. 引用外部样式前，必须使用＜Connection＞标记链接包含该样式的外部样式文件。

6. 超链接的外观样式是不可改变的。

二、选择题

1. 水平居中对应的属性值为＿＿＿＿。
   A. middle   B. left   C. center   D. right

2. 能使用垂直对齐属性的标记是＿＿＿＿。
   A. ＜table＞   B. ＜tr＞   C. ＜td＞   D. B 和 C

3. 下列不具有 style 属性的标记是＿＿＿＿。
   A. ＜P＞   B. ＜Span＞   C. ＜BR＞   D. ＜B＞

4. 鼠标位于超链接上时的外观样式定义包含在伪类样式＿＿＿＿中。
   A. a: B. a:visited   C. a:hover   D. a:active

5. 在 DW 的属性面板中，使用文本加粗工具对选中的文本加粗，产生的标记是＿＿＿＿。
   A. ＜B＞   B. ＜P＞   C. ＜Span＞   D. ＜Strong＞

三、填空题

1. 设置鼠标经过图像时出现的说明文本，应使用＿＿＿＿属性。

2. 表格垂直对齐的属性名为＿＿＿＿。

3. 插入表格背景图片，应使用＿＿＿＿属性。

4. 引用 CSS 内部样式或外部样式中定义的"＃"样式，应使用＿＿＿＿属性。

5. 引用滤镜，是通过在 CSS 样式中设置特殊的 CSS 样式属性＿＿＿＿实现的。

6. 设置项目编号的列表项前的符号样式，应在＜UL＞标记里使用＿＿＿＿属性。

7. CSS 样式可分为通用样式、HTML 样式和＿＿＿＿样式三种。

实验 1　站点设置、列表、文本与图像及其格式化

(http://www.wustwzx.com/webdesign/sy01.html)

一、实验目的

1. 掌握在 DW 中建立和设置站点的方法；
2. 掌握利用文件面板编辑站点文件的方法；
3. 掌握利用样式面板建立 CSS 样式、利用属性面板应用样式的方法；
4. 掌握段落标记、列表标记、区隔标记、图像标记的使用方法；
5. 掌握 HTML 文档的一般结构（头部与主体）；
6. 掌握 DW 可视化环境的使用；
7. 掌握 DW 对标记名、标记属性及属性值的联机支持功能和可视化设计环境。

二、实验内容及步骤

【预备】　在自己的 U 盘或本地硬盘上建立一个名为"MyWebSite"的文件夹作为站点根目录，访问 http://www.wustwzx.com/webdesign/sy01.html，下载本课程的素材（主要包括图像、音频、视频、动画和数据库等）到桌面，然后解压到 MyWebSite 文件夹里（注意：解压时不要创建文件夹！）。

1. 新建站点。启动 DW，使用"站点"菜单，新建站点，设置站点名称为"我的网站"（站点名称可随意命名），设置站点根目录为刚才建立的文件夹"MyWebSite"。

2. 查看网页的源代码。在本页面的空白处右键单击，在出现的菜单中选择"查看源文件"，即可查看本页面对应的 HTML 文档（代码）。

3. 保存网页文件。使用浏览器的菜单"文件"→"另存为"，选择文件类型为"HTML 文档"，保存（命名为 sy01.html）该网页到刚建立的站点根目录里。

4. 认识 DW 可视化环境，掌握 HTML 文档的一般结构。在 DW 集成环境中，打开刚才保存的网页 sy01.html，观察该 HTML 文档的结构（头部和主体）。

5. 使用 DW 文件菜单，新建一个 HTML 基本页，并保存到站点根目录里（命名为 sj01.html）。

6. 选择 DW 的"拆分"模式，在设计窗口中使用"图像"工具插入一幅图像。在代码窗口中观察对素材文件引用的代码——是相对引用而不是绝对引用。

7. 在设计窗口中单击图像，在右下角处拖动鼠标改变图像的大小，观察属性面板中属性值的实时变化。

8. 在设计窗口中单击图像，利用属性面板修改图像的宽度和高度属性值后，单击设计窗口空白处，观察图像的变化。体会写代码与在设计窗口中设计的等效性。

9. 练习编号列表与项目列表的嵌套用法，掌握"文本"工具栏中的"ul"、"ol"和"li"等工具的使用。

10. 利用 DW 样式面板，建立特定的 CSS 样式——body，观察自动应用的效果，达到

掌握重新定义 HTML 标记的外观的目的。

11. 建立通用的"·"样式(有样式名),并使用 Class 属性应用于文本,观察应用后的效果和文档头部样式定义的代码,达到掌握内部样式使用的目的。

12. 使用 style 属性定义文本的内联样式(无样式名),体会内联样式的使用方法。

13. 通过修改<title>标记里的内容达到修改网页标题栏的目的,并按 F12 验证。

14. 访问 http://www.wustwzx.com/webdesign/sy01.html,查看使用纯 CSS 制作的导航菜单的源代码,体会伪类样式的用法。

15. 建立应用 Alpha 滤镜的样式并应用于某个图像,以掌握 CSS 滤镜样式的使用。

三、实验小结

(由学生填写,重点写上机中遇到的问题)

第3章 超 链 接

超链接是网页里最常用的元素之一,用于实现浏览转向功能,即从一个页面跳转到另一个页面。超文本与普通文本相比,区别在于超文本中含有超链接。本章学习要点如下:

- 掌握超链接的设计方法;
- 掌握超链接的应用;
- 掌握<meta>标记设定被链接页面进入和离开时的效果的用法。

3.1 超链接设计

3.1.1 文字链接与图像链接

超链接是网页中最常见的元素(对象)。对谁做超链接以及链接到什么对象是设计超链接时必须考虑清楚的。

HTML 中,对嵌入在成对标记<A>及</A>之间的对象做超链接,它们可以是文本(此时称为文字链接),也可以是图像(此时称为图像链接)。

超链接标记<A>使用 href 属性设置链接到什么对象,它们可以是网站、网页或某个文件等对象。

超链接的用法格式如下:

<A　href＝链接目标>做超链接的对象</A>

默认情况下,鼠标经过超链接对象时会变为手形,同时在浏览器窗口的状态栏上显示出超链接的目标文件。文字超链接中的文本显示时还有下画线。

注意:上面的链接目标是固定不变的,称为静态链接。如果链接目标依赖于浏览者的选择,即链接目标不是固定的,则称为动态链接。这将在中篇及下篇中介绍,参见 10.4.3 及 14.2.2 节。

3.1.2 网站(页)链接

超链接能实现从当前页面到网络中任意地方、任意页面的跳转。超链接可分为网站链接和网页链接,网站链接实质上是访问该网站的主页。

1. 网站链接

链接目标为一个网站时,这种超链接称为网站链接。例如,访问百度网站,可以使用下面的代码:

<A href=" http://www.baidu.com ">百度网站</A>

其中,网站域名前的协议类型 http://不可省略。

2. 网页链接

网页链接是指要链接到访问网站中的某一个具体页面,例如:

<A href=" http://www.wustwzx.com/webdesign/sy02.html ">实验 2</A>

如果目标网页与当前页面处于同一位置,则 href 的属性值就是目标网页文件名(含扩展名)。

注意:设计网页超链接时,要确保 href 属性所指的网页存在,否则会出现一个通知页面,告诉访问者该页不存在。同样,网站链接时,要确保 href 属性所指的网站是一个可以访问的网站,否则出现网站无法访问的通知页。

3. 使用 target 属性指定显示目标网页的位置

通常情况下,单击超链接后会新开一个窗口以显示目标网页。实际上,超链接<A>还有一个任选属性是 target,用于指定目标网页显示的位置。除了新开窗口外,还可以是框架结构中的某个框架(见 6.1 节)或本页里的某个页内框架(见 6.2 节)。使用 target 属性的好处是保持信息的连贯性,不至于形成视觉中断的感觉。

3.1.3 文件下载

在超链接中,如果 href 属性指定的文件格式是浏览器能够显示或播放的,那么单击超链接时将会直接显示文件。例如,将 href 属性值指定为某个 jpg 格式的图像文件,那么单击超链接时就可以直接在浏览器中显示该图像。

文件下载是超链接的特殊情形。当 href 的属性值不是通常的网址或网页文件时,例如压缩文件等,则出现如图 3-1 所示的文件下载对话框。

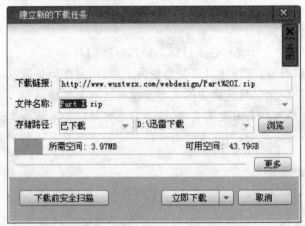

图 3-1 文件下载对话框

注意:目前,对于 Word 文档的超链接经常使用。在链接 Word 文档时,出现的下载对话框中有"打开"、"保存"两个命令按钮。

3.1.4 锚点链接

在网上阅读一个较长的文档时,如果顺序阅读,则可能把握不了该文档的要点。

通常,在文档的顶部或底部以超链接方式显示一个要点目录,通过超链接可以快速查看自己关心的主题,此时屏幕最上方出现该主题的详细内容。浏览时,使用按组合键Ctrl+End(Ctrl+Home)可快速回到页面的底(顶)部目录位置,以便重新选择自己所关心的主题。这也是超文本的含义,阅读超文本随时跳转至自己所关心的主题。

要实现上面的功能,需要使用锚点链接功能,通常分两步,如图 3-2 所示。

图 3-2 锚点的设置与使用示例

(1)设置锚点 在某个主题的起始位置做记号即是设置锚点,用以设置超链接的目标位置(不是网页!),用法格式如下:

<a name="链接目标位置名称">主题名称</a>

(2)锚点使用 链接到本文档的某个锚点处,用法格式如下:

<a href="#锚点名称">文字</a>

实际上,还可以链接到其他 HTML 文档中的某个锚点处,用法格式如下:

<a href="HTML 文件名#锚点名称">文字</a>

注意:

● 设置锚点和做超链接,都是使用<A>标记,只是使用的属性不同。

● <a href="#">文字</a>,表示空链接,单击超链接时不会做任何跳转。

3.1.5 电子邮件链接

电子邮件链接的格式如下：

＜A href＝"mailto:电子邮件地址"＞做超链接的文本＜/A＞

单击电子邮件链接后,系统会自动打开邮件客户程序,将指定的 E-mail 地址自动填写到"收件人"栏中。

注意:目前很少使用客户端计算机系统提供的邮件客户程序发邮件,通常是进入自己的邮箱收发邮件,即使用网站提供的邮件服务程序。此外,不同网站的邮件服务界面也有所不同。

3.1.6 使用＜meta＞标记设定离开和进入页面时的切换效果

在页面的头部,使用＜meta＞标记,可以设定离开或进入本页面时的切换效果。

使用如下标记设定离开本页面进入另一个页面时的切换效果:

＜meta http-equiv＝"Page-Exit" content＝"RevealTrans(duration＝20,transtion＝6)"＞

使用如下标记设定进入本页面时的切换效果:

＜meta http-equiv＝"Page-Enter" content＝"RevealTrans(duration＝10,transtion＝23)"＞

其中 RevealTrans 是滤镜名称,它包含两个参数:

- duration 表示切换时间,以秒为单位;
- transition 表示切换方式,参数取值有 24 种,以代号 0～23 来表示,见表 3-1。

表 3-1　RevealTran 滤镜的 transition 参数

Transition 参数值	切换效果	Transition 参数值	切换效果
0	矩形从大至小	12	随机溶解
1	矩形从小至大	13	从左右向中间展开
2	圆形从大至小	14	从中间向左右展开
3	圆形从小至大	15	从上下向中间展开
4	由下至上展开	16	从中间向上下展开
5	由上向下展开	17	从右上向左下展开
6	由左向右展开	18	从右下向左上展开
7	由右向左展开	19	从左上向右下展开
8	垂直百叶窗	20	从左下向右上展开
9	水平百叶窗	21	随机水平细纹
10	水平棋盘	22	垂直水平细纹
11	垂直棋盘	23	随机选取一种特效

显然,表中页面的许多切换效果是成对的,如矩形效果(0 和 1)、圆形效果(2 和 3)、百叶窗效果(8 和 9)等。

Transition＝23 作为一种特殊使用,表示随机效果,即随机使用前 23 种效果(0～22)中的某一种。

3.2　超链接应用——网站导航菜单设计

3.2.1　热点链接

　　热点链接是图像链接的细化,即在图像上划分若干个区域(这些区域称为热点区域),然后对每个区域做链接。

　　在 DW 中制作热点链接时,先要选中图像,然后使用属性面板中的热点工具(矩形、圆形等),在图像上划出一块区域并在属性面板中设置相应的链接(默认为♯,表示空链接)。

　　热点链接通常用于设计网站图形化的导航菜单,如图 3-3 所示。

图 3-3　使用 DW 做热点链接

　　注意:使用热点链接,会在文档头部产生<Map>、<Area>等标记和脚本代码。

3.2.2　利用 Dreamweaver 的行为面板制作弹出式菜单

　　上面使用热点链接制作的菜单是一维的水平菜单。但实际中,通常要使用二维的弹出式菜单。

　　在前面设计的水平菜单的基础上,使用 DW 的行为面板可以设计出弹出式菜单。打开或关闭 DW 的行为面板的快捷键是按组合键"Shift+F4"。

选中导航图像的某个区域后,激活行为面板,单击面板中的"+"按钮,选择"显示弹出式菜单",即可定义该菜单的每一个菜单项的超链接,如图 3-4 所示。

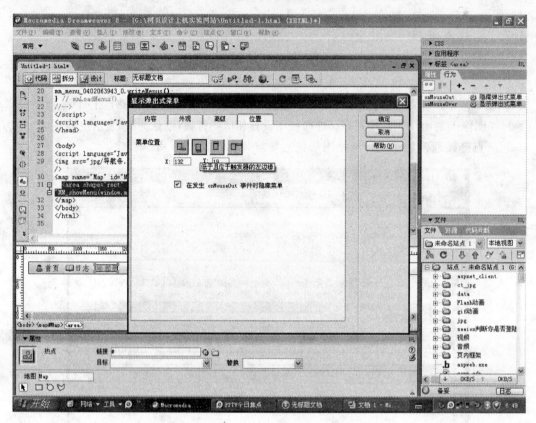

图 3-4　使用 DW 的行为面板制作弹出式菜单

习 题 3

一、判断题（正确用"A"表示，错误用"B"表示）

1. 超链接标记是成对标记。
2. 文件下载是使用超链接标记实现的。
3. 可以对图像或其一部分区域做超链接。
4. 如果在超链接中省略了 target 属性，则目标网页在当前窗口中打开。
5. 如果客户端安装了 Word 软件，当链接的文件为 Word 文档时，则下载对话框中同时有"下载"和"打开"两个命令按钮。

二、选择题

1. 超链接必须使用的属性是_____。
   A. href   B. src   C. target   D. 都必须使用
2. 取消超链接默认的下画线，要设置＜A＞标记的 CSS 样式属性 text-decoration 的值为_____。
   A. line-through   B. none   C. overline   D. underline
3. 定义锚点，必须使用_____属性。
   A. href   B. id   C. name   D. src
4. 为了设定某个页面进入时的转换效果，需要设置＜meta＞标记的属性（值）_____。
   A. http－equiv＝"Page－Exit"
   B. http－equiv＝"Page－Enter"
   C. content＝"RevealTrans(duration＝?,transition＝?)"
   D. A 和 C
5. 在 DW 中，打开/关闭行为面板，可使用快捷键_____。
   A. Shift＋F11   B. F8   C. Shift＋F4   D. Ctrl＋F3

三、填空题

1. 如果要指定超链接的目标网页在某个框架里显示，则必须使用_____属性。
2. 利用＜A＞标记设置锚点，必须使用_____属性。
3. 在 DW 中制作弹出式菜单，除了要使用 DW 的属性面板外，还要使用_____面板。
4. 电子邮件链接与一般的超链接相比，只不过是作为 Src 属性值的 E-mail 地址前多了前缀_____。
5. 超文本与普通文本最主要的区别是超文本中使用了_____。

实验 2　超链接、滚动效果、交换图像

（http：∥www.wustwzx.com/webdesign/sy02.html）

一、实验目的

1. 掌握利用＜meta＞标记设定被链接页面进入和离开时的效果的用法；
2. 掌握超链接的设计方法以及必填属性和可选属性的含义；
3. 掌握利用超链接实现文件下载的方法；
4. 掌握锚点链接的用法；
5. 掌握热点链接和弹出式菜单的建立方法；
6. 掌握制作滚动效果的方法；
7. 掌握在 DW 中制作交换图像的方法。

二、实验内容及步骤

1. 文字链接：在 DW 的设计窗口书写文字：武汉科技大学，选中该文字，在属性面板的链接栏里输入：http：∥www.wust.edu.cn 保存文档，按 F12 浏览，单击文字链接。
2. 图像链接：在标记＜a＞与＜/a＞之间嵌入一个＜img＞标记，并在＜a＞标记里指定 href 属性值。
3. 热点链接：新建网页→插入图片，图像文件为站点文件夹 jpg 下的文件"导航条.jpg"→使用热点矩形工具对相册所在的区域做链接，链接到武汉科技大学的校园风光页。
4. 下载链接：通常将被链接对象做成一个压缩文件，使用＜A＞标记。
5. 锚点链接：先对文档中的某个位置命名，然后就可以链接到本文档中的指定位置。［效果演示］访问：http：∥www.wustwzx.com/webdesign/sj02-5.html
6. 利用 DW 的行为面板制作弹出式菜单。
7. 文字和图片的滚动效果。需要在代码窗口中输入成对标记＜marquee＞及＜/marquee＞。
8. 交换图像制作：利用 DW 的菜单"插入"→"图像对象"→"鼠标经过图像"，或使用"常用"工具栏上的"鼠标经过图像"工具。
9. 利用＜meta＞标记设定离开和进入页面时的切换效果。
   说明：页面 http：∥www.wustwzx.com/webdesign/sy02.html 的头部包含了两个＜meta＞标记，用于设置离开和进入本页面时的切换效果。

三、实验小结

（由学生填写，重点写上机中遇到的问题）

第 4 章 表 格 制 作

表格也是页面中较常见的元素,表格既可用于显示数据,也可用于页面元素的定位。在脚本中动态输出表格时,必须掌握定义表格的 HTML 代码(见中篇和下篇)。本章学习要点如下:

- 掌握表格的定义与修改方法;
- 掌握表格的主要属性;
- 掌握表格的嵌套用法。

4.1 表格的定义与修改

4.1.1 定义表格的三个层次与表格的标题

一个表格由若干行组成,每一行由若干单元格组成。定义一个表格,需要一对标记<table>和</table>,其内包含若干对<tr>和</tr>,定义表格的行,每一行内又包含有若干对<td>和</td>,定义该行的若干个单元格。定义表格的三个层次如图 4-1 所示。

```
<table>
  <caption>标题名称</caption>
  <tr>
        <td>…</td>  <!--定义单元格里的内容-->
        <td>…</td>
        …
  </tr>
  …     <!--定义其他的行-->
</table>
```

图 4-1 定义表格的三个层次

注意:表格标题不是必须的,若要定义表格标题,则必须使用成对标记<caption>和</caption>,且仅次于<table>标记后。标题名称位于成对标记<caption>和</caption>内。表格标题的位置默认为表格上方正中间。

4.1.2 表格修改

上面定义的表格是规则的(即若干行若干列)。通常还需对表格中的单元格进行合并或拆分。合并单元格是指将规则表格中连续的若干单元格合并为一个单元格,拆分单元格是合并单元格的反向操作。

1. 合并单元格

在 DW 中,拖动鼠标选中若干连续单元格后右键单击,在出现的快捷菜单中选择"表格→合并单元格"即可合并单元格。合并若干水平的单元格后,观察 DW 的代码窗口,在 <td> 标记里出现 colspan 属性,其值表示合并的单元格数目。同样,合并若干垂直的单元格后,在 <td> 标记里出现 rowspan 属性,其值为合并的单元格数目。

2. 拆分单元格

先选中某个单元格后右键单击,然后在出现的快捷菜单中选择"表格→拆分单元格"。

4.2 表格属性

表格的属性有很多,在 DW 中,借助于属性面板可以方便地研究表格的各种属性的含义。表格分为三个层次,而选中某个单元格的方法非常简单,就是用鼠标单击某个单元格。下面分别介绍在 DW 中选中整个表格和选中表格的某行(列)的方法。

1)选中整个表格

将鼠标移至表格上方,当鼠标上出现一个小的表格样式时单击左键,此时即选中整个表格,效果如图 4-2 所示。

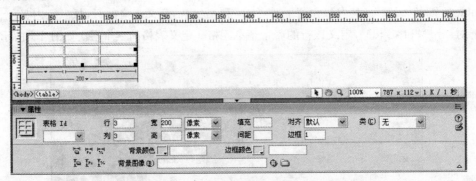

图 4-2　在 DW 中选中整个表格

2)选中表格的某行(列)

将鼠标在表格最左边慢慢移动,当鼠标样式变成一个向右的箭头时单击左键,此时即选中某行,效果如图 4-3 所示。

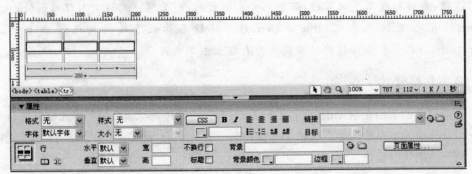

图 4-3　在 DW 中选中表格的某行

同样,将鼠标在表格最上方慢慢移动,当鼠标样式变成一个向下的箭头时单击左键,此时即选中某列。

4.2.1 表格大小属性

表格大小属性是指表格或单元格的宽度和高度属性,分别用 width 和 height 表示。一般情况下,表格的总长度和总宽度是根据各行和各列的总和自动调整的,如果要直接固定表格的大小,可以使用下面的定义方式:

<table width＝?   height＝?>

width 和 height 属性分别指定表格一个固定的宽度和长度,其单位可以用像素来表示(绝对单位),也可以用浏览器窗口宽度和高度的百分比来表示(相对单位)。同样,单元格的宽度和高度也可以用表格总宽度和总高度的百分比来表示。

4.2.2 表格对齐属性

表格对齐属性有 align 和 valign 两种,可应用于单元格或某行。

1. 水平对齐属性 align

align 取值有 left(左对齐)、right(右对齐)和 center(居中)。

2. 垂直对齐属性 valign

valign 取值有 top(上齐)、middle(居中)和 bottom(下齐)。

注意:<table>标记只能使用 align 属性,实现整个表格在浏览器窗口中的水平居中。

4.2.3 表格背景属性

表格背景分为背景色和背景图片,它们分别用属性 bgcolor 和 background 表示。背景属性可应用于<table>或<tr>或<td>标记,表示分别对整个表格或某行或某个单元格应用背景。

在 DW 中编辑网页时,也可以利用属性面板方便地设置表格的背景。选中整个表格或者选中表格某行后,在属性面板中可以设置其背景颜色或者背景图片。对于表格中不连续的多个单元格同时设置,需要先按 Ctrl 键不放,再单击若干单元格。

制作表格的背景图像时,需要注意表格尺寸与图像大小的匹配问题。

● 如果表格(单元格)尺寸大于图像尺寸,则出现平铺效果(即图像填充表格)。

● 如果表格(单元格)尺寸小于图像尺寸,则会剪裁图像(左上部分)作为背景。

4.2.4 表格边框宽度与边框颜色

边框宽度属性用 border 表示,边框颜色属性用 bordercolor 表示,它们可分别应用于表格、行和单元格三个层次。在 DW 中,借助于属性面板,可以方便地设置边框宽度和边框颜色。

注意:在使用表格布局页面元素时,通常并不需要线条,此时只需设置 border＝0。

4.3 表格嵌套

表格嵌套是指在表格的某个单元格里又定义了一个表格,即一个表格作为某个表格的某个单元格的内容。

【例 4.1】 在浏览器窗口正中央显示一幅图像。

【浏览效果】 图像在浏览器窗口中显示时,在水平和垂直两个方向都居中,并且不会因为改变浏览器窗口的大小而发生改变,如图 4-4 所示。

图 4-4 在浏览器窗口正中央显示一幅图像

【设计思想】 先绘一个只有一行一列的表格作为外表格,宽度和高度均为 100%(百分比单位),且边线宽度为 0。然后,在其内定义一个也是只有一行一列的表格(内表格),设置内表格的对齐属性是水平和垂直居中,图片作为内表格的内容。

【源代码】 访问 http://www.wustwzx.com/webdesign/sj03-1.html。

```html
<html>
<head>
    <title>在浏览器窗口的正中央显示图片</title>
</head>
<body>
<table width="100%" height="100%" border="1" bordercolor="#FFoooo">
    <tr>
        <td align="center" valign="middle">
```

```
        <table>
          <tr><td><img src="jpg/lm.jpg" width="230" heigh="280"></td></tr>
        </table>
      </td>
    </tr>
  </table>
</body>
</html>
```

注意：

● 　本例的设计方法在网页设计中经常用到。例如设计用户登录页面时，通常在页面的正中央使用本方法定位一个表单（参见第 7 章），以实现用户输入用户名、密码等，参见实验 10 之表单验证。

● 　在 DW 中新建一个 HTML 文档时，通常会出现一些附加信息，如图 4-5 所示。

图 4-5　在 DW 中新建 HTML 文档

在使用 DW 软件设计本例时，系统自动添加的位于<html>标记前的一行代码必须去掉！即去掉如下文本框里的代码：

> <！DOCTYPE html PUBLIC "-∥W3C∥DTD XHTML 1.0 Transitional∥EN"
> " http：∥www.w3.org/TR/xhtml1/DTD/xhtml1-transitional.dtd">

否则，不能实现垂直居中。

习 题 4

一、判断题（正确用"A"表示，错误用"B"表示）

1. ＜caption＞标记必须位于＜table＞标记之后。

2. 单元格中的内容不能是图像。

3. 在 DW 中合并连续的若干单元格前，应先拖动鼠标选中这些单元格。

4. 表格可以嵌套使用。

5. 表格可用于文本和图像在页面中的定位。

二、选择题

1. 单元格内容水平居中对应的属性值为＿＿＿＿＿。
   A. middle   B. left   C. center   D. right

2. 单元格内容垂直居中对应的属性值为＿＿＿＿＿。
   A. middle   B. left   C. center   D. right

3. 能使用垂直对齐属性的标记是＿＿＿＿＿。
   A. ＜table＞   B. ＜tr＞   C. ＜td＞   D. B 和 C

4. 设置表格单元格背景色，应使用的属性是＿＿＿＿＿。
   A. Ground   B. BackGround   C. Color   D. BgColor

5. 合并表格某行上连续的若干单元格，将出现的属性是＿＿＿＿＿。
   A. Rows   B. Cols   C. RowSpan   D. ColSpan

三、填空题

1. 设置表格边线的宽度，应使用＿＿＿＿＿属性。

2. 表格垂直对齐的属性名为＿＿＿＿＿。

3. 插入表格背景图片，应使用＿＿＿＿＿属性。

4. 定义表格的标题，应使用＿＿＿＿＿标记。

5. 表格的宽度和高度，除了可使用像素作为单位外，还可使用相对于浏览器窗口宽度和高度的＿＿＿＿＿作为单位。

6. 使用表格布局页面元素时，通常不显示表格线条，这可以通过设置＿＿＿＿＿属性的值为 0 来实现。

第 5 章　多媒体标记

网页元素除了前面介绍的文字、图像外，还可以是声音、视频和 Flash 动画等多媒体信息。本章主要介绍播放多媒体的两个标记<bgsound>和<embed>。学习要点如下：

- 在页面中插入背景音乐；
- 在页面中播放视频；
- 在页面中插入 Flash 动画。

5.1　使用<bgsound>标记播放背景音乐

要在页面中插入 mid、wma 和 mp3 等格式的音频文件作为背景音乐，只需在文档主体部分的开头插入如下代码：

<bgsound　src="音频文件">

- DW 工具栏上没有相应的工具，只能在代码窗口中文档的 BODY 部分写代码。
- <bgsound>标记是单标记。
- Src 属性是必选属性，用于指定要播放的音频文件，它既可以位于本地站点中，也可以位于其他站点中。
- 页面加载时自动播放。
- 通过使用属性（值）loop＝True 可以实现重复播放。
- Volume 是本标记的一个属性，表示音量。上机实验表明：设置 volume＝0 并不能实现想象中的静音，而设置 volume＝－10000 时可以静音。
- 背景音乐作为特殊的网页元素（无形的对象）。为了实现播放控制（如静音），可以使用 id（不能使用 name）属性标识该对象，然后在脚本中设置该对象的 Volume（音量）属性，以达到静音和播放的目的（见中篇——客户端脚本的学习）。

5.2　使用<embed>标记播放视频

要在页面中插入 AVI、WMV 等格式的视频，只需在文档的主体部分插入如下代码：

<embed　src="视频文件">

本标记与<bgsound>标记有如下的不同。

- 本标记在浏览器窗口中产生一个带播放控制面板，以实现暂停/停止/播放和音量调节等，如图 5-1 所示。

图 5-1　使用<embed>播放视频文件时出现的控制面板

- 本标记可以使用 width 和 height 两个属性,用于设定播放画面的大小。
- 在本机上浏览时,浏览器窗口一般会出现安全提示信息,单击后出现进一步的选择菜单,如图 5-2 所示。

图 5-2 使用 DW 插入菜单播放 Flash 动画

单击"允许阻止的内容"后,出现如图 5-3 所示的警告框。

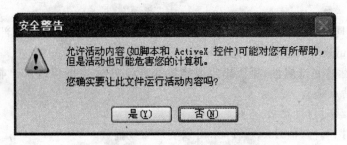

图 5-3 浏览器运行脚本时的警告对话框

选择"是(Y)"按钮,就能正常播放了。

5.3 使用<embed>播放 Flash 动画

Flash 动画文件以.swf 作为扩展名,是一种特殊的视频文件,也可以使用<embed>标记播放。播放 Flash 动画的格式如下:

<embed Src="Flash 文件" Width=? Height=?>

其中,Src 是必选属性;Width、Height 是任选属性,分别表示播放画面的宽度和高度。

当不选择 Width 及 Height 属性时,按 Flash 动画的实际尺寸播放,这与使用<img>标记插入图像是一样的。

如同图像应用滤镜样式一样,Flash 动画效果只有在浏览页面时才会显现出来。

注意:

- 在本地站点里浏览含有 Flash 动画的网页,也可能出现运行脚本的安全提示。
- 使用 DW 的"插入"菜单也可以在页面中插入 Flash 对象,操作方法如图 5-4 所示。

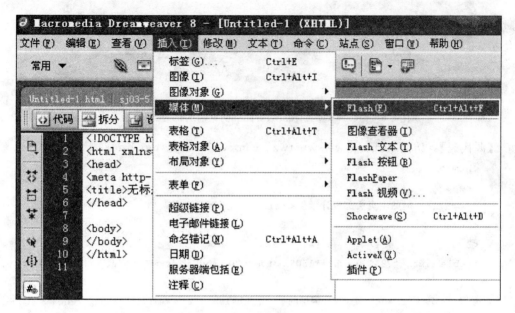

图 5-4　使用 DW 的"插入"菜单

　　在选择文件对话框中选择 Flash 文件并单击"确定"后,在文档中产生的播放 Flash 文件的代码,如图 5-5 所示。

```
<object classid="clsid:D27CDB6E-AE6D-11cf-96B8-444553540000" codebase=
"http://download.macromedia.com/pub/shockwave/cabs/flash/swflash.cab#version=7,0,19,0" width="856" height="190">
  <param name="movie" value="Flash动画/百味人生.swf">
  <param name="quality" value="high">
  <embed src="Flash动画/百味人生.swf" quality="high" pluginspage="http://www.macromedia.com/go/getflashplayer" type=
"application/x-shockwave-flash" width="856" height="190"></embed>
</object>
```

图 5-5　使用 DW 插入菜单生成的播放 Flash 动画的代码

　　显然,这种方法比前面介绍的直接写代码方法复杂些。

5.4　综合应用:主页头部设计

　　网站主页头部设计通常含有 Flash 动画,并且动画浮在某个图片上。要做成这种效果,只需要去掉 Flash 动画的背景(也称透明 Flash 动画背景)。透明 Flash 动画背景,需要在＜embed＞标记中设置 wmode 属性,即

　　　　＜embed　src="Flash 文件" Width=? Height=? wmode="transparent"＞

　　注意:wmode 属性在 DW 中编辑时没有联机支持功能,需要设计者全部正确拼写。

　　例如,作者教学网站的头部中使用武汉科技大学的照片作为第一表格的背景图像,表格的内容是透明了背景的 Flash 动画(闪烁的星.swf);第二表格只有一行一列,内容为一幅作为导航条的图像,并对该图像做了热点链接,其效果如图 5-6 所示。

图 5-6　http：//www.wustwzx.com 网站的头部效果（部分）

【源代码】　访问 http：//www.wustwzx.com/webdesign/top.html。

```
<html>
<head>
  <title>网站主页头部设计示例</title>
</head>
<body>
<table width="780" height="150" border="0" background="jpg/武汉科技大学.jpg">
<tr>
<td><embed src="Flash动画/闪烁的星.swf" height="120" wmode="transparent"></td>
<td><embed src="Flash动画/闪烁的星.swf" height="120"wmode="transparent"></td>
</tr>
</table>
<table width="780" border="0">
  <tr>
    <td><img src="jpg/导航条.jpg" width="780" border="0" usemap="#Map"></td>
  </tr>
</table>
<map name="Map">
  <area shape="rect"coords="179,3,220,17" href="#"> <!--热点链接-->
  <area shape="rect"coords="310,3,347,18" href="#"> <!--热点链接-->
</map>
</body>
```

注意：第二个表格中的单元格，设置其边框宽度为 0 是必须的。

习 题 5

一、判断题（正确用"A"表示，错误用"B"表示）

1. 在 DW 中插入 Flash 动画后的效果并未立即在设计窗口中显现出来。

2. 标记＜bgsound＞和＜embed＞都能播放音频文件。

3. 标记＜bgsound＞和＜embed＞都是单标记。

4. 在本地站点里浏览含有 Flash 动画的网页可能会出现运行脚本的安全提示。

5. ＜bgsound＞标记只能使用 id 属性标识该对象。

二、选择题

1. 设置页面背景音乐，应使用_____标记。
   A.＜embed＞　　　B.＜sound＞　　　C.＜bgcolor＞　　D.＜bgsound＞

2. 播放页面的背景音乐，设置_____属性的值为 true 可实现循环播放。
   A. src　　　　　B. href　　　　　C. loop　　　　　D. volume

3. ＜embed＞标记一般不使用的文件格式是_____。
   A. AVI　　　　　B. MID　　　　　C. WAV　　　　　D. MPEG

4. ＜bgsound＞标记和＜embed＞标记必须设置的属性是_____。
   A. src　　　　　B. width　　　　C. height　　　　D. href

5. ＜bgsound＞标记具有的属性有_____。
   A. src　　　　　B. id　　　　　　C. volume　　　　D. 都具有

三、填空题

1. 插入 Flash 动画时，为了透明动画背景，应设置 wmode 属性值为_____。

2. 使用＜embed＞播放视频时，设置播放面板的大小，要使用 width 属性和_____属性。

3. 属性_____是标记＜embed＞和＜bgsound＞都必须使用的。

4. 使用＜bgsound＞标记播放页面的背景音乐，如果不希望反复播放，可设置_____属性值为 false。

实验 3 表格标记、多媒体标记、滤镜的使用

（http://www.wustwzx.com/webdesign/sy03.html）

一、实验目的

1. 掌握表格的作用（布局页面元素和显示数据）；
2. 掌握表格的背景、边框、对齐等属性和嵌套的用法；
3. 掌握特定样式 td 对表格的自动应用；
4. 掌握使用＜bgsound＞标记插入背景音乐的方法；
5. 掌握使用＜embed＞标记插入 AVI 视频的方法；
6. 掌握使用＜embed＞标记插入 Flash 动画并透明其背景的方法；
7. 掌握滤镜对图像及文本的应用。

二、实验内容及步骤

1. 在浏览器窗口的正中央显示一幅图像。

   访问 htttp://www.wustwzx.com/webdesign/sj03-1.html，可以获得源代码。

   注意：在 DW 中自行练习时，必须去掉 DW 自动创建在最前面的那一行代码。

2. 特定样式 td 对表格内文本的自动应用。先在页面中建立表格并在表格内输入文本，然后重新定义＜td＞标记的外观样式（如图 5-7 所示），在设计窗口中观察表格内文本在建立 td 样式前后的变化。

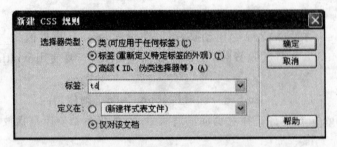

图 5-7 ＜td＞标记的外观样式

3. 新建网页文件 sj03-3.html 并保存在站点目录里，然后插入背景音乐（要求相对引用素材文件）。

4. 新建网页文件 sj03-4.html 并保存在站点目录里，然后插入一个 AVI 视频（要求相对引用素材文件）。

5. 新建网页文件 sj03-5.html 并保存在站点目录里，做透明 Flash 背景练习。

   访问 htttp://www.wustwzx.com/webdesign/sj03-5a.html，查看透明 Flash 背景后与表格背景的重叠效果，并获得源代码。

6. 新建网页文件 sj03-6.html 并保存在站点目录里,分别使用两种滤镜效果:文字阴影(Shadow)和图像透明(Alpha)。

三、实验小结及思考

（由学生填写,重点写上机中遇到的问题）

第 6 章　框架、页面框架与层

除了使用传统的表格定位页面元素外,还有多种布局方法。框架结构将浏览器窗口划分为多个区域,每个区域装载不同的网页;页内框架是网页中的一个区域,用来显示链接页面的内容;使用层可以精确地定位页面元素,层是一个可以放置其他网页元素的容器,并可以自由移动,常用层来制作网页特效;<Center>标记可用来水平居中任意的页面元素。本章学习要点如下:

- 框架结构;
- 页内框架;
- 层;
- 水平居中页面元素的<Center>标记。

6.1　框架页面的定义与使用

6.1.1　框架集

框架集是若干框架的集合。定义了框架结构后,浏览器显示的窗口就被分割为几个部分,每个部分都可以独立显示不同的网页。

框架集文件通过使用 DW 菜单"文件→新建→框架集"的方法创建,代码位于</head>之后的成对标记<frameset>和</frameset>里。

<frameset>…</frameset>用于定义浏览器窗口分割,其相关属性如下。

- cols 属性:用于设定分割上下窗口的宽度,各数值之间用","分隔,也可设为浏览器窗口尺寸的百分比%,"*"表示剩余部分(下同)。
- rows 属性:用于设定分割左右窗口时的高度。

标记<FrameSet>可以嵌套使用,即表示窗口先上下分割后再左右分割或者先左右分割后再上下分割等,参见例 6.1。

注意:框架集文件是一个特殊的 HTML 文件,它的主体部分是空的(可以去掉),即框架集划分的代码应位于<body>标记前(如果没有去掉主体标记)。

6.1.2　框架与框架面板

框架集里的每个单标记<frame>定义一个框架,并且每个框架有一个必须指定的src 属性,用于定义该框架内显示的网页文件。

框架的一个任选属性是 name,用于对本框架的命名。如果某个超链接使用本框架,则需要命名本框架。

打开或关闭 DW 右下方的框架面板,都是使用快捷键 Shift+F2。

当鼠标单击框架面板中的某个框架时,在代码窗口中即出现划分该框架的相关信息;当鼠标单击设计窗口中的某个框架时,在代码窗口中即出现载入该框架的网页的文档信息。即单击设计窗口中的框架与单击框架面板中的框架,其效果是不同的。

6.1.3　框架的使用

某个框架里的网页包含超链接时,其链接页面的内容可以指定到另外某个已经命名的框架里,这是通过在<A>标记里使用 target 属性并以框架名作为属性值实现的。其中,超链接使用的框架名称会显现在 DW 的属性面板中。

总之,使用框架结构会在代码窗口、设计窗口和框架面板之间切换,并要求先将框架中要显示的网页文件编辑好,然后在框架集中调试。

【例 6.1】　框架网页示例。

【设计思想】　先将浏览器窗口划分为上下两个框架,然后将下文框架再划分为左右两个框架。即浏览器窗口被划分为上、左、右三个框架,如图 6-1 所示。上方框架载入页面 top. html,没有命名该框架(单击框架面板中的上框架可以在代码窗口中查看 top. html 的源代码);左框架载入页面 left. html,该页面中包含有三个超链接,也没有命名该框架;右框架命名为 mainwindow,初始载入页面为 right. html,当点击左框架中的超链接时,则链接的页面在 mainwindow 框架内显示,这是因为在超链接中使用 target 属性引用了 mainwindow 框架。在 DW 中调试框架结构,见图 6-1。

图 6-1　框架结构示例

框架集文件 kjj. html 的代码如下。

```
<html>
<head>
<title> 框架集网页</title>
</head>
<frameset rows="106,*">
  <frame src="top.html">
  <frameset cols="280,*">
    <frame src="left.html">
          <frame src="mainwindow.html"name="mainwindow">
  </frameset>
</frameset>
</html>
```

左框架内载入网页 left.html 的代码如图 6-2 所示。

```
1  <html>
2  <head>
3  <title>左框架内的网页</title>
4  </head>
5  <body>
6  <a href="../sy04.html" target="mainwindow"> 1.实验4</a> <p>
7  <a href="http://www.wustwzx.com" target="mainwindow">2.吴志祥的教学网站</a><p>
8  <a href="http://www.wust.edu.cn" target="mainwindow">3.武汉科技大学网站</a>
9  </body>
10 </html>
```

图 6-2　左框架网页的源代码

【源代码】　访问 http://www.wustwzx.com/webdesign/sj04.html，下载源代码。

6.2　页内框架的定义与使用

6.2.1　页内框架的定义

页内框架是页面中的一个特殊的区域，通常为表格的单元格。将表格的某个单元格定义为页内框架的方法如下：

$$<td><iFrame\ src=?\ Name=?></iFrame></td>$$

其中，src 指定预载页面文件名，name 给页内框架命名，</iFrame>可去掉。

6.2.2　页内框架的使用

页内框架应用于超链接中，将链接页面的内容输出到指定的页内框架中，而不是新开一个窗口。引用方法如下：

$$<a\ href=?\ target=页内框架名>$$

【例 6.2】　页内框架示例。

页内框架的源代码见图 6-3、设计效果见图 6-4、使用页内框架的浏览效果见图 6-5。

```
1   <html><head><title>页面框架的使用</title>
2   <style>
3   td {    font-size: 24px;      color: green;}
4   </style></head>
5   <body>
6   <table width="425" height="202" border="1">
7    <tr align="center">
8      <td height="43" colspan="2">李白</td>
9    </tr>
10   <tr>
11     <td width="137" height="151" align="center" valign="middle"><p>
12     <a href="file1.html" target="123">静思</a><p>
13     <a href="file2.html" target="123" >怨情</a></td>
14     <td ><iframe src="file0.html" name="123"></iframe></td>
15   </tr>
16  </table>
17  </body>
18  </html>
```

图 6-3　定义与使用页内框架的源代码

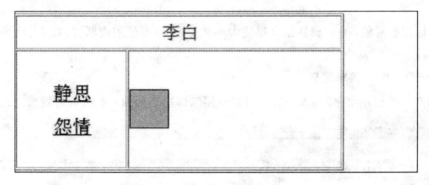

图 6-4　页内框架在 DW 中的设计效果

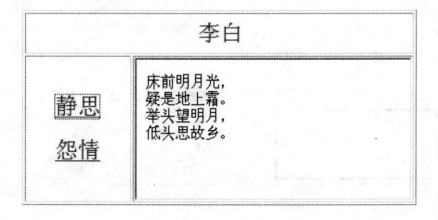

图 6-5　使用页内框架时的浏览效果

注意：

● 本例中，在本表格第二行右边单元格里定义了页内框架，其中</iframe>是可去掉的，去掉</iframe>后不影响页面的浏览，只是此时在该单元格中不会出现标识页内框架的方框。

- 定义页内框架时预载的页面为 file0. html,内容为李白的生平介绍。
- 在页内框架中预载的页面内容只有在浏览时才会显示。
- file1. html 和 file2. html 分别是对"静思"和"怨情"做链接的目标页面。
- 在属性面板中不支持页内框架的应用,需手动应用,即在超链接中添加 target 属性引用已经定义的页内框架。

6.3 层的定义

6.3.1 层的定义

层通常使用如下两种方法定义。

1. 使用 HTML 标记定义

$$<\text{div id}=? \text{ Style}=?>\cdots\cdots</\text{div}>$$

其中,id 标记层对象,style 属性定义层的大小和位置等(即使用内联样式),省略号表示层里的内容。

2. 使用 DW 的菜单定义

在 DW 中,使用菜单"插入→布局对象→层",即出现如图 6-6 所示的效果。

```
1   <html>
2   <head>
3   <meta http-equiv="Content-Type" content="text/html; charset=gb2312" />
4   <title>无标题文档</title>
5   <style type="text/css">
6   #Layer1 {
7       position:absolute;
8       width:200px;
9       height:115px;
10      z-index:1;
11  }
12  </style>
13  </head>
14  <body>
15  <div id="Layer1"></div>
16  </body>
17  </html>
```

图 6-6 在 DW 中定义层

注意:层的定义与插入图像是不同的。层只能使用 id 属性(不能使用 name 属性)标识层对象。

6.3.2 层的主要CSS样式属性

层的大小、位置等属性必须在 CSS 样式里定义,下面分别介绍。

1. 大小属性

大小属性是指层的 width 属性（表示宽度）和 height 属性（表示高度）。

2. 位置属性与定位属性

位置属性是指层的 left 属性（表示离窗口左边的距离）和 top 属性（表示离窗口上方的距离）。

定位属性用 position 表示，通常取值为 static/absolute/relative。

3. 背景属性

背景色/背景图像分别用 bgcolor/background 表示，与表格的背景相同。

层的应用通常需要配合使用客户端脚本，参见实验 8 的页面中的浮动广告，可访问 http://www.wustwzx.com/webdesign/sj08-4.html。

6.4　水平居中页面元素的<Center>标记

<Center>标记是成对标记，作用是实现页面对象在浏览器窗口里的水平居中，用法如下：

<Center>对象</Center>

其中对象可以是表格、图像等。

注意：

● 在表格的单元里，Center 是作为 Align 属性的属性值之一。

● HTML 没有提供垂直居中页面元素的标记。要实现垂直居中，可以使用表格的嵌套方法，参见 4.3 节例 4.1。

习 题 6

一、判断题（正确用"A"表示，错误用"B"表示）

1. 框架集文件中包含了浏览器窗口划分的信息。

2. 在 DW 中，单击框架面板中的某个框架，则会立即在代码窗口中显示载入该框架页面的源代码。

3. <Frame>标记必须位于成对标记<FrameSet>……</FrameSet>内。

4. 标识层对象，只能使用 id 属性。

5. 浏览器窗口分割只有水平与垂直两种方式。

二、选择题

1. 不用于框架集文件中的标记有_____。
   A. FrameSet   B. Frame   C. iFrame   D. 都不是

2. 定义页内框架使用的标记是_____。
   A. FrameSet   B. Frame   C. iFrame   D. Div

3. 下列不具有 width 及 height 属性的标记是_____。
   A. <Img>   B. <Marquee>   C. <Div>   D. <Table>

三、填空题

1. 在 DW 中，打开/关闭框架面板使用的快捷键是_____。

2. 在 DW 中设计框架结构，若要查看框架的划分信息，可单击_____面板中的某个框架。

3. 对层进行 absolute 方式（Position 属性值）定位时，必须指定 top 属性和_____属性。

4. 在超链接中，指定目标网页在本页面内的框架中显示，应使用_____属性。

5. 在页面中水平居中一个表格，既可以在<table>使用 align 属性，还可以使用_____标记。

第7章 表单制作

表单常用来制作客户端的信息录入界面或登录界面。本章特别要求掌握制作表单和表单元素的 HTML 代码以及属性值,因为中篇的学习内容主要是在客户端脚本中访问页面元素以实现网页元素的动态效果和交互效果,也因为下篇的学习中包含了在服务器端脚本中访问表单元素。本章知识要点如下:

- 表单定义及其工作原理;
- 表单元素的分类;
- 表单元素的制作及其主要属性。

7.1 表单定义及其工作原理

一个典型的用户登录界面如图 7-1 所示。

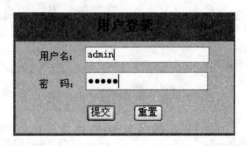

图 7-1 用户登录表单

- 表单是用于实现网页浏览者与服务器之间信息交互的一种页面元素。
- 在客户端,表单填写方式可分为输入文本、单选按钮与复选框以及从下拉列表中选择选项等,它们都是通过表单控件产生的。
- 表格定义使用三级结构,表单定义使用二级结构。
- 表单的最后一般放置有一个提交按钮。

7.1.1 表单标记

表单定义使用成对的<Form>及</Form>标记,其方法如图 7-2 所示。

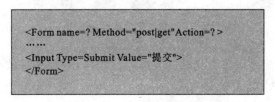

图 7-2 定义表单的标记

在 DW 中，从"常用"工具栏切换至"表单"工具栏，选择表单工具，也可快速制作一个表单。表单在设计窗口中显示为红色的蚂蚁线方框，利用表单控件或写代码的方法可以再在表单容器内建立其他的表单元素。一个较为综合的表单设计效果如图 7-3 所示。

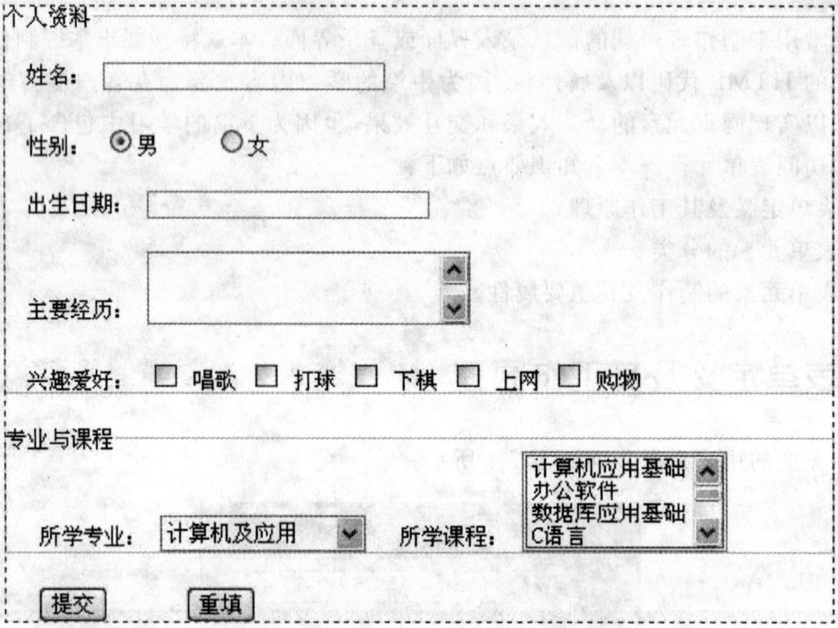

图 7-3 表单在 DW 设计窗口中的显示效果

在上面的表单里，除文本外，依次包括文本框、单选按钮、列表框、复选框、下拉列表框、提交按钮和重置按钮等。此外，该表单对表单元素进行了分组，分为"个人资料"组和"专业与课程"组；"提交"和"重填"是两个特殊的命令按钮。

7.1.2 表单的两个主要属性

1. Method 属性

Method 属性指出提交表单的方式，取值共有 get 和 post 两种，其中 get 是默认方式。

● 当 Method＝get 时，浏览页面时会在浏览器的地址栏里呈现用户输入的数据，而 post 方法不会显示。

● 如果指定了在服务器端的表单处理程序，则必须使用 post 方式。否则，不能正常浏览动态网页。

2. Action 属性

Action 属性用来定义表单提交后的表单处理程序，该程序存放在 Web 服务器端，通常扩展名为 ASP、JSP、PHP 等。

点击表单的"提交"按钮，一般会导致页面跳转。

7.1.3 提交按钮、重置按钮与命令按钮

如果在表单中设置了 action 属性值为一个动态页面,则表明指定了服务器端的处理程序,此时就必须在表单的最后(结束标记</Form>前)定义一个提交按钮;而重置按钮是任选的,它实现将各种表单控件输入的复位(清零)操作。提交按钮和重置按钮是作为两个特殊的命令按钮,下面分别介绍。

1. 提交按钮

提交按钮分为文本型和图像型两种。

1)文本型提交按钮

文本型提交按钮的定义方法如下:

<Input Type="submit" Value="提交">

其中,Input 是标记名,Type 属性的值只能是 submit,Value 属性的值可以更改。

2)图像型提交按钮

图像型提交按钮的定义方法如下:

<Input Type="Image" Src=?>

其中,Src 属性的值是一个图像文件名。

2. 重置按钮

重置按钮的定义方法如下:

<Input Type="Reset" Value="重置">

其中,Value 属性值可以更改,如"重填"等。

3. 命令按钮

命令按钮的定义方法如下:

<input type="button" Value=? OnClick=?>

各代码的含义如下:

● type="button"是定义命令按钮的关键属性(值)。

● 属性 Value 定义出现在按钮上的文本,由网页设计者设定。

● OnClick 是浏览器支持的事件(不是属性!),表示鼠标单击。对事件的响应有多种方式方法,这将在中篇——客户端与网页动态效果中介绍。

注意:

● 上述三种按钮中 Value 属性的值,既是按钮的标签(即出现在按钮上的文字),又是表单提交后传送给服务器的值。

● 命令按钮与提交按钮一般不同时使用,有重置按钮就会有提交按钮。

● 命令按钮可以在表单外使用,而提交按钮和重置按钮必须在表单内使用。

7.1.4 表单工作原理

当用户在表单中输入信息完毕并单击"提交"按钮时,所输入的信息就会发送到服务器。服务器接收到用户信息后,就由服务器端脚本进行处理,通常包含有对数据库的操

作,最后把处理结果以 HTML 文档的格式发送给客户端,并由客户端的浏览器解释执行,如图 7-4 所示。

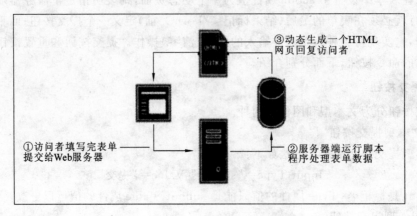

③动态生成一个HTML网页回复访问者

①访问者填写完表单提交给Web服务器

②服务器端运行脚本程序处理表单数据

图 7-4　表单工作原理

7.2　表单元素

7.2.1　文本框、密码框、多行文本框

密码框是文本框的变种,多行文本框是(单行)文本框的扩充。

1. 文本框

文本框大小属性是指表格或单元格的宽度和高度属性,可以使用下面的定义方式:

<input type="text" name=? size=?>

● type="text"是定义文本框的主要属性(值)。

● name 属性用于定义表单元素名称,一般要选用。因为脚本程序按名访问表单里的元素。

● size 是任选属性,表示文本框显示的字符宽度。

注意:width 也是<input>标记的宽度属性,但它以像素为单位。在文本框中,需要调整文本框的显示宽度时,一般选用 size 属性而不选用 width 属性。

2. 密码框

在文本框里输入的文本会原样显示在屏幕上,而密码框显示的是" * "。定义密码框的格式如下:

<input type="password" name=? >

其中,type="password"是定义密码框的主要属性(值),name 属性的含义同上。

3. 多行文本框

文本框只能写一行,多于一行的信息则需要使用多行文本框。例如,用户留言、用户反馈意见等。多行文本框的效果参见图 7-3 中的"主要经历",定义方法如下。

$<$textarea name＝? rows＝? cols＝?$>$初始文本$<$/textarea$>$

- 成对标记之间的文本作为默认存在的文本,用户可以编辑它。
- 属性 name 的含义同前,必须使用。
- 属性 rows 指定多行文本框的行数,属性 cols 指定多行文本框的列数。

注意:属性 rows 及 cols 实际上是定义可视区域的大小,当用户输入的信息超过这个区域时,需要使用滚动条进行操作控制。

7.2.2　单选按钮与复选框

单选与复选的差别是非常明显的,下面分别介绍定义它们的标记。

1. 单选按钮

单选按钮表示在一组选项中,只能选择一项,非此即彼。例如,输入性别、等级等。按钮未选中前是空心圆圈,选中后变成实心圆饼。

$<$input type＝"radio" value＝? name＝? checked$>$选项标识 1

$<$input type＝"radio" value＝? name＝? $>$选项标识 2

……

$<$input type＝"radio" value＝? name＝? $>$选项标识 n

- type＝"radio"是定义单选按钮的主要属性(值)。
- 一般地,单选按钮位于其标签文本的左边。
- 用于定义单选按钮组的$<$input$>$标记的 name 属性值必须相同。
- Checked 属性是一个特别的任选属性,用于设置默认选择和判断哪一项被选择。
- Value 属性用于指定服务器端的表单处理程序获取的值,也就是表单提交的值。

2. 复选框

复选框表示在一组选项中,可以选择一项或多项。例如,输入兴趣爱好、网上考试的多选题等。在页面浏览时,复选框表现为勾选"√"效果,见图 7-3 中的"兴趣爱好",复选框的定义方法如下。

$<$input type＝"checkbox" value＝? name＝? checked$>$选项标识 1

$<$input type＝"checkbox" value＝? name＝?$>$选项标识 2

……

$<$input type＝"checkbox" value＝? name＝?$>$选项标识 n

- type＝"checkbox"是定义复选框的主要属性(值)。
- name 属性值不是必须相同。
- Checked 属性及 Value 同上。

注意:在设计在线测试系统时,需要在客户端脚本中访问表单里的单选按钮和复选框,判定用户选择哪一(些)项时,就要使用 checked 属性(参见中篇)。

7.2.3　下拉列表框与列表框

下拉列表框在网页中经常使用,如用户申请时对国籍的选择等;而列表框是下拉列表框的变形。

1. 下拉列表框

下拉列表框通常只显示一个列表项,浏览者通过单击它才能显示其他的列表项,并配合滚动条的使用,才能选择某个列表项。下拉列表框的效果参见图 7-3 中的"所学专业",下面是下拉列表框定义的一个示例:

```
<select name="select">
    <option value=? selected>计算机及应用</option>
    <option value=?>计算机网络技术</option>
    <option value=?>计算机软件</option>
    ……
</select>
```

- 使用成对标记<Select>和</Select>定义下拉列表框。
- 下拉列表框的若干列表项由成对标记<Option>和</Option>定义。
- 属性 selected 定义下拉列表框的默认选择项,不是必选项。

2. 列表框

在列表框中,浏览者可以看到多条列表项,其数目由<select>标记的 size 属性指定,配合列表框的滚动条,用户还可以选择其他的列表项。列表框的效果参见图 7-3 中的"所学课程",下面是定义多行文本框的一个示例:

```
<select name="select2" size=4>
    <option> 计算机应用基础</option>
    <option> 办公软件</option>
    <option> 数据库应用基础</option>
    <option> C 语言</option>
    <option> 网页设计</option>
</select>
```

- 列表框是下拉列表框的变形,多了 size 属性。
- 列表框也有备选属性 selected,表示默认选择。
- 下拉列表框在网页中较常用。
- 在脚本中访问下拉列表框和列表框这两个对象,是通过使用 selected 属性判断浏览者的选择,参见实验 6 之下拉列表点歌。

7.2.4 隐藏域

在以表单方式提交客户端信息至服务器时,有些信息可能不是由操作者输入的,而是以隐藏方式向服务器传送信息。隐藏域就能实现这一目的,定义隐藏域的方法如下:

<Input type="hidden" value=? name=?>

- type="hidden"是定义隐藏域的主要属性(值)。
- 与文本框相比,隐藏域只是少了用户输入,也不可见。

7.2.5 文件选择框

文件选择框的定义方法如下：

$$<input type="file"name=?\ size=?>$$

- 前两个属性必须使用。
- type="file"不可更改。
- name 属性定义文件选择框的名称，以便表单处理程序按名访问该框。
- size 属性是任选属性，指定文件选择框的宽度。

浏览时，会出现文件选择对话框。当用户单击"浏览"按钮时，将弹出"文件选择"对话框，用户可以在本地选择文件。选择了文件之后，单击"打开"按钮，则选中的文件的完整路径将出现在文件选择框内，如图 7-5 所示。

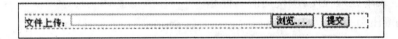

图 7-5 表单内的文件选择框的设计效果

【源代码】 访问 http://www.wustwzx.com/webdesign/sj12-3.html。

```
<html>
<head>
   <title> 使用 ADODB.Strean 对象上传文件</title>
</head>
   <body>
<form method="POST" action="sj12-3.asp">
文件上传:<input typ="file" name="file" si="42">
<input type="submit" value="提交"> </form>
</body>
</html>
```

7.2.6 表单元素分组

通过如下标记对表单元素分组并建立组标题。

```
<FieldSet>
   <Legend> 分组标题</Legend>
      <!--组内容器控件定义-->
</FieldSet>
```

习 题 7

一、判断题（正确用"A"表示，错误用"B"表示）

1. 提交按钮和重置按钮只能在表单里使用。

2. 定义文本框、各种按钮、复选框所使用的标记名是不同的。

3. 列表框去掉标记里的 size 属性（值）即是下拉列表框。

4. 表单元素分组时，使用成对标记＜title＞…＜/title＞定义组名。

5. 使用＜Input＞标记定义文件选择框，要将 Type 属性值设置为"file"。

二、选择题

1. 指定表单处理程序，应使用的属性是_____。
   A. method　　　　B. value　　　　C. action　　　　D. option

2. 列表框中定义列表项所使用的标记是_____。
   A.＜Select＞　　B.＜Area＞　　　C.＜Li＞　　　　D.＜Option＞

3. 下列只能在表单内定义的对象是_____。
   A. 下拉列表框　　B. 文本框　　　C. 复选框　　　　D. 提交按钮

4. 制作下拉列表框，可使用_____工具栏。
   A. 常用　　　　　B. 文本　　　　C. 布局　　　　　D. 表单

5. 设置下拉列表和单（复）选按钮的默认选择，应使用的属性分别是_____。
   A. selected 和 checked　　　　　B. checked 和 selected
   C. selected 和 selected　　　　　D. checked 和 checked

6. 下列不是标记属性的是_____。
   A. Type　　　　　B. Value　　　　C. OnClick　　　D. Name

三、填空题

1. 将文本框改造为密码输入，应设置 Type 属性值为_____。

2. 表单的两种提交方法分别是 post 和 get，其默认值是_____。

3. 表单提交至服务器的值，就是定义表单元素时指定的_____属性的属性值。

4. 设置单选按钮和复选框的默认值，应使用_____属性。

5. 设置下拉列表的默认值，应使用_____属性。

实验 4　框架、页内框架、表单制作

(http://www.wustwzx.com/webdesign/sy04.html)

一、实验目的

1. 掌握页内框架的定义与使用方法；
2. 掌握表单的工作原理与制作方法；
3. 掌握常用表单元素的制作方法；
4. 掌握命令按钮的制作方法与作用；
5. 了解表单元素分组的用法；
6. 了解框架结构的用法。

二、实验内容及步骤

1. 页内框架的使用。

   ［效果演示］访问 http://www.wustwzx.com/webdesign/页内框架/main.html

   ［源代码下载］访问 http://www.wustwzx.com/webdesign/页内框架.zip

2. 表单制作。

   ［效果演示］访问 http://www.wustwzx.com/webdesign/sj04-3.html

3. 用户登录界面设计，使用表格定位表单元素，并使用表格处于浏览窗口的中心位置。

   ［效果演示］访问 http://www.wustwzx.com/webdesign/sj04-3.html

4. 框架结构。

   ［效果演示］访问 http://www.wustwzx.com/webdesign/框架/kjj.html

   ［源代码下载］访问 http://www.wustwzx.com/webdesign/框架.zip

三、实验小结及思考

（由学生填写，重点写上机中遇到的问题）

中篇　客户端脚本与网页动态效果

客户端脚本是指嵌入在页面文档中并由客户端浏览器程序解释执行的代码，JavaScript 是作为客户端脚本的默认语言，通过使用 JavaScript 内置对象（见第 9 章）和浏览器对象（见第 10 章），配合 JavaScript 的流程控制语句编程，即可实现页面元素的动态效果或页面的交互效果。本篇共分 4 章，各章具体内容如下。

- 客户端脚本与 JavaScript
- JavaScript 内置对象及其应用
- 浏览器对象及其应用
- 客户端脚本高级应用

第8章 客户端脚本与JavaScript

客户端脚本是指嵌入在页面文档中并由客户端浏览器程序解释执行的代码,页面中嵌入客户端脚本后,能够增强页面元素的动态效果和交互效果。JavaScript(以下简称JS)是一种基于对象和事件驱动的脚本语言,是客户端浏览器默认使用的脚本引擎。本章学习要点如下:

- 客户端脚本语言的作用;
- 脚本的分类方法;
- HTML 标记作为特殊的文本;
- 对象的 PEM 模型与常用事件;
- JS 脚本函数的定义;
- Window 对象的 alert()方法与 Document 对象的 write()方法。

8.1 客户端脚本概述

8.1.1 脚本及其分类

脚本(Script)实际上是一段程序,用来完成某些特殊的功能。脚本代码嵌入到HTML 文档后,能够实现 HTML 语言不能完成或难以完成的功能,能进一步增强网页的交互性和动态特性。

页面中的脚本代码都应由相应的脚本引擎(解释器)来解释执行,不需要编译。脚本可分为服务器端脚本和客户端脚本两大类。客户端脚本是指由客户端的浏览器解释执行页面中的脚本代码;服务器端脚本是指由安装在服务器端的脚本引擎解释执行页面中的脚本代码(参见第 12 章)。

8.1.2 基于对象的设计方法与对象的 PEM 模型

DOM 是 Document Object Model 的缩写,译作"文档对象模型",是 W3C 目前极力推广的 Web 技术标准之一,它将网页中的内容抽象成对象,每个对象拥有各自的属性(Properties)、方法(Method)和事件(Events)。属性和方法被称为对象的两个要素。

PEM 模型就是指对象的属性、事件和方法。

CSSL 不是 CSS,它是 Clent-Side Scripting Language 的缩写,译作"客户端脚本语言"。DHTML 就是以 HTML 为基础,运用 DOM 将页面元素对象化,利用 CSSL 访问对象的属性(包括 CSS 样式)以达到网页的动态视觉效果。

为了在脚本中访问对象的属性,通常在定义对象时需要使用 name 或 id 属性标识该对象。通过对象标识访问该对象属性的方法是:对象标识名.属性名。

在 JS 脚本中,使用某个对象提供的方法是:对象标识名.方法名()。

注意：

(1) 大多数对象通常既可以使用 name 属性，又可以使用 id 属性，效果一样。但背景音乐、层对象，只能使用 id 属性。

(2) 对象分级。例如要访问页面中表单内的某个文本框，就需要在文本框名前缀"表单名."。

(3) 表单内元素的访问还有它的特殊性(参见 9.2.2 节)。

例如，在页面中通过<bgsound>标记可以建立背景音乐(对象)，并在页面中定义两个命令按钮，分别标识为静音和播放。为了达到静音和播放控制的目的，需要定义两个按钮的单击事件(OnClick)，事件代码中自然会涉及对播放器的 Volume 属性(表示音量)的访问。

8.1.3 JavaScript 常用事件

JavaScript 支持的事件有很多，它们可以用于不同的对象。常用事件如表 8-1 所示。

表 8-1 JavaScript 的常用事件

序号	事件名	含义或说明
1	OnClick	单击事件，常用于 button 类型的命令按钮
2	OnFocus	获得焦点事件，如激活文本框等对象时触发
3	OnBlur	失去焦点事件，如下拉列表选择、文本框输入确定后触发
4	OnChange	更新后事件，在元素的值发生改变时触发
5	UnLoad	Document 对象的事件，浏览器完成 HTML 文档载入时触发
6	OnDblClick	双击事件，常用于 button 类型的命令按钮
7	OnMouseOver	鼠标位于对象上时
8	OnMouseOut	鼠标从对象上离开时

说明：body 代表文档的主体部分，OnLoad 事件通常的用法是：

<body UnLoad＝方法名()>

8.2 客户端脚本语言 JavaScript 简介

8.2.1 变量与常量

1. 变量

变量是存放信息的容器，通过访问变量实现对内存中信息的读/写，可用 var 定义，其用法格式为：

var 变量名;

● 变量命名应尽量做到见名思义。

● 习惯上，在每条语句后加上西文的分号字符，这是 C 语言程序设计的风格。

● 变量也可不申明而直接使用，即 JS 的变量是弱类型。

● 变量赋值由 JS 的赋值运算符"＝"实现,参见 8.2.2 节。

2. 常量

在 JS 中,主要使用字符型和数值型两种。使用时,字符型常量要加一对双撇号或一对单撇号,而数值型按通常的方式直接使用。

8.2.2　运算符与表达式

JS 运算符是完成某种操作的符号,与 Java、C 等程序设计语言非常相似,主要有:

● 算术运算符:＋、－、＊、/、＋＋(自增 1)、％(取余数)等。
● (复合)赋值运算符:＝(赋值)、＋＝、＊＝等复合赋值。
● 关系运算符:＜、＜＝、＞、＞＝、！＝、＝＝(相等)等。
● 逻辑运算符:＆＆(与)、||(或)、！(非)。
● 字符串运算符:＋(字符串连接)。
● 其他运算符:如 new,用于创建动态对象的一个实例(参见第 9 章)。

表达式是指通过运算符将变量与常量连接起来的式子。

8.2.3　注释方法

在脚本中增加注释,可增强程序的可读性,在 DW 中,注释内容显示为灰色,表示不起作用。对 JS 代码的注释有以下两种方式。

1. 单行注释

单行注释方法是在 JS 代码的后面使用双斜杠"//",使用格式如下:

JS 代码;//注释内容

2. 多行注释

多行注释,是指注释内容可占多行,以"/＊"打头,以"＊/"结束,可出现在脚本中的任何位置,使用格式如下:

/＊注释内容(可以多行)　＊/

8.2.4　函数

响应事件的处理代码通常包含在 JS 函数内,即函数用于响应事件(按名引用函数),并作为事件的处理方法。

函数是已命名的代码块,应出现在成对标记＜Script＞…＜/Script＞内,通过关键字 function 定义,该代码块中的语句包含在一对花括号{…}内,并作为一个整体被引用和执行。

```
function fn(p1,p2,…)      //函数定义,fn 为函数名,pi 称为参数
{
    S1;  //可执行语句
    S2;  //可执行语句
    ……
}
```

8.2.5 流程控制语句

程序结构只有三种,即顺序、选择和循环。顺序结构是不言而喻的。下面分别介绍选择结构和循环结构。

1. 选择结构

选择结构是指条件执行,又有两种语句,即 if 条件语句和 switch 开关语句。

1) 条件语句

条件语句又可以分为简单条件和复合条件两种。

(1) 简单条件语句:用法如下。

```
if(条件表达式)
{
        语句序列;
}
```

(2) 复合条件语句:表示二选一,用法如下。

```
if(条件表达式)
    {
        语句序列 1;
    }
else   //表示反之
    {
        语句序列 2;
    }
```

注意:

- 条件表达式需要使用一对圆括号。
- 当条件成立时要执行的语句不止一条时需要使用一对花括号,否则可以省略。
- if 条件语句可以嵌套,即 if 语句中又包含有 if 语句。

【例 8.1】 选择结构用法示例。

【设计效果和代码】 一个选择结构示例在 DW 中的设计效果和代码,如图 8-1 所示。

【浏览描述】 访问 http://www.wustwzx.com/webdesign/sj05-1.html,浏览器窗口中出现两个文本框,一个用于显示题目,另一个用于浏览者输入答案。其中后者有默认值——"请在这儿输入答案",当鼠标置于第二个文本框内时,默认的文本清空。当浏览者分别输入 2500(正确答案)和一个错误答案(如 200)时,会显示不同的信息。

【知识要点】

- 定义第二个文本框对象的同时,还定义了它的两个事件,即 OnFocus 和 OnChange。
- 文本框的获得焦点事件 OnFocus,使用内联式脚本处理该事件(详见 8.3 节)。
- 文本框的更新后事件 OnChange,使用内部脚本处理该事件,响应代码在函数 JS 脚本里的 mm()内(详见 8.3 节)。

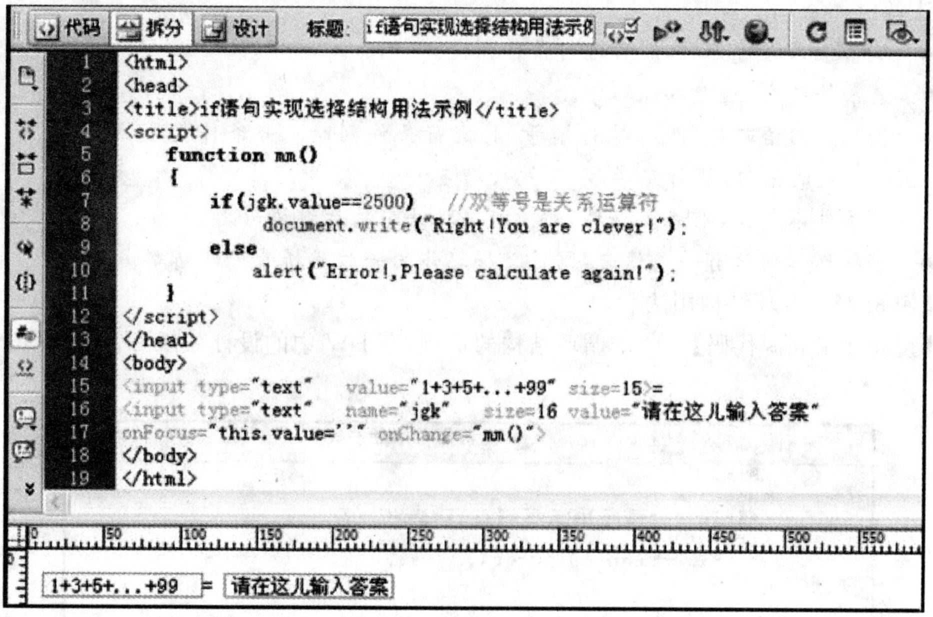

图 8-1　计算测验题的代码及其在 DW 中的设计效果

2）开关语句

开关语句可能会对一个表达式进行多次判断，以实现多种选择，JS 用法格式如下。

```
switch(表达式)
  {
  case 值1：
      语句序列；break；
  case 值2：
      语句序列；break；
  ……
  [default：
      语句序列；]
  }
```

注意：当表达式的值与某个值相等后，便执行相应的语句，然后执行 break 语句，结束 switch 语句的执行，不再进行后面的判断；否则往后再判断。如果表达式的值与前面的值都不相等，则执行 default 里面的语句序列。[…]表示可以省略。

2. 循环结构

常用的 for 循环结构，其 JS 用法格式如下。

```
for(初值；条件；增量)
  {
  语句序列；
  }
```

注意：

- 赋初值只进行一次，然后进行条件判定。
- 若条件成立，则进入循环体。
- 循环体内语句执行后，执行增量，再进行条件判断。若条件仍成立，则又进入循环体，执行体内的语句，执行完毕后，又执行增量……
- 若条件不成立，则终止循环，即执行循环语句的后继语句。
- 若循环体内只有一条语句，则定义循环体的一对花括号可以省略。

【例 8.2】 循环结构用法示例。

【设计效果和源代码】 一个循环结构的示例，在 DW 中的设计效果和源代码如图 8-2 所示。

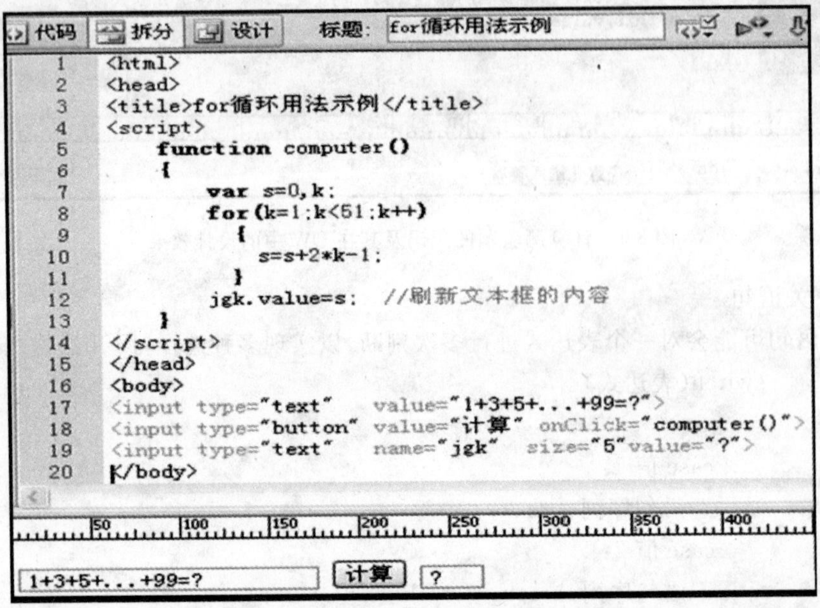

图 8-2　计算题的源代码及其设计效果

【浏览效果】 访问 http://www.wustwzx.com/webdesign/sj05-4.html，浏览器窗口中出现两个文本框和一个命令按钮，左边的文本框用于显示题目，右边的文本框用于显示计算结果，中间是命令按钮。当单击"计算"命令按钮后，右边文本框立即显示计算结果。

【知识要点】

- 文本框标记的 Size 属性——以字符个数表示文本框的宽度。
- 命令按钮的 OnClick 事件——定义脚本函数响应。

8.3　客户端脚本的三种使用方式

客户端脚本有内联式脚本、内部脚本和外部脚本三种使用方式。其中，内联式脚本用于简单的事件处理；内部脚本中可以包含流程控制语句，以响应本页面中某个对象的复杂的事件处理；外部脚本中定义的函数可以为多个页面中处理对象事件用。

8.3.1　内联式脚本

我们知道,在使用 HTML 标记定义对象时,可以定义该对象的事件。事件的处理代码紧接在事件名称之后,这种脚本称为内联式脚本。例如:

＜input type=" button" value="请点击我! " OnClick=" JavaScript:window. alert(' hello');"＞

* 在页面中定义了一个命令按钮,并定义了该按钮的 OnClick 事件,处理事件的代码在一对双撇号内"…"。
* 一对双撇号内的事件响应代码以"JavaScript:"打头,表示使用的脚本引擎,在使用 JS 脚本时可以省略。
* JS 代码之间使用分号分隔(如果有多条命令)。
* "window. alert()"表示使用浏览器的顶级对象 window 提供的 alert()方法。

显然,内联式脚本与内联 CSS 样式用法格式类似。

【例 8.3】　滚动控制。

在＜Marquee＞标记里定义 OnMouseOver 和 OnMouseOut 两个事件,即可实现对滚动对象的滚动和停止控制。例如:

＜Marquee OnMouseOver=" this. stop()"

OnMouseOut=" this. start()"＞滚动的文本＜/Marquee＞

* this 代表由＜Marquee＞标记创建的页面元素(对象),即代表本对象。
* stop()方法和 start()方法是 Maruee 对象具有的方法,分别表示停止和重新开始滚动。

【例 8.4】　交换图像。

使用 DW 制作交换图像,在上篇已经介绍过。实际上,使用内联式脚本制作交换图像是非常简单的,一个示例代码如下:

＜Img src=" jpg/01. jpg" OnMouseOver=" this. src='jpg/02. jpg' "

OnMouseOut=" this. src='jpg/02. jpg' "＞

* 初始定义的图像是 01. jpg。
* 事件定义 OnMouseOver=" this. src='jpg/02. jpg' "表明鼠标放置图像上时,图像框内的内容变成 02. jpg,是通过更改 src 属性实现的。
* 事件定义 OnMouseOut=" this. src='jpg/01. jpg' "表明鼠标离开图像时,图像框内的内容还原成 01. jpg,也是通过更改 src 属性实现的。

【例 8.5】　背景音乐的播放控制。

【源代码】　访问 http://www. wustwzx. com/webdesign/sj05-1. html

```
<head>
<title> JS 内联式脚本用法</title>
</head>
<body>
<bgsound src="音频/欢快的乐曲.mid" id="bfq">
<input type="button" value="音量测试" onclick=window.alert("播放器音量的当
```

前值是:"+ bfq.volume)>

<!--内联式脚本代码前省略了所使用的脚本语言,即默认为 JavaScript 脚本;"+"在此表示连接运算-->

<input type="button" value="静音" onClick="javaScript:bfq.volume=-10000">

<input type="button" value="播放" onClick="bfq.volume=0" >

<!--内联式脚本代码前省略了所使用的脚本语言,即默认为 JavaScript 脚本-->

</body>

</html>

8.3.2 内部脚本

内部脚本代码是通过成对标记＜Script＞和＜/Script＞引入到 HTML 文档的任何地方(脚本代码以＜Script＞开始,以＜/Script＞结束),但一般都是将所有的脚本代码集中放在网页的头部,并通过 Language 属性定义脚本代码所用的脚本语言。

在内部脚本中,可以有选择结构和循环结构,以进行复杂的事件处理。内部脚本的用法格式如下:

＜Script Language=" JavaScript "＞

......

＜/Script＞

注意:

一般情况下,可以省略 Language="JavaScript",即使用 JS 作为默认的脚本引擎(语言)。

● 函数之内的代码的执行次数由该函数的被调用次数决定,而函数之外的代码在页面加载时只执行一次。

● 内联式脚本都可以改写为内部脚本,效果一样。例如,下面的内联式脚本

＜input type=" button" OnClick=" alert('请点击我！')"＞

可按如下方式改写:

＜input type=" button" value="请点击我！" OnClick=xy()＞

即先在页面的＜Body＞…＜Body＞部分定义如上 HTML 代码,然后编写如下的脚本代码。

＜Script＞

function xy() //函数定义

{

window. alert(' hello'); //可执行语句

}

＜/Script＞

【浏览效果】 访问 http://www. wustwzx. com/webdesign/sj05-1. html,出现页面的背景音乐,单击浏览器窗口中"音量测试"按钮会输出当前音量值的消息框(注意:当前音量值并不是一个大于 0 的正整数!);单击页面中的"播放"和"静音"两个命令按钮能实现对页面背景音乐的播放控制。

内部脚本使用的例子,参见第 9、10、11 章。

8.3.3　外部脚本

外部脚本与内联式脚本、内部脚本不同的是,在引用其中定义的函数(方法)前,需要将脚本文件包含到当前页面中来,其用法格式如下:

＜Script Language＝javascript Src＝脚本文件名.js＞

　　……

＜Script＞

- 引用外部脚本实质上是要调用该脚本文件中已经定义的函数,上面代码就是在调用前将该文件包含进来。
- 在 DW 中使用行为面板制作弹出式菜单时,会生成一个扩展名为.js 文件。
- 外部脚本的用法与样式文件的用法相似,外部脚本中的方法能为多个页面中处理对象事件时使用。

8.4　Window 对象与 Document 对象的方法

为了实现交互式页面和网页动态效果的完整设计,本节先简要介绍 DOM 模型中的两个重要对象,即 Window 对象和 Document 对象。Window 对象是浏览器对象模型中的顶级对象,在使用它的方法时可以不必前缀"window.";document 对象是浏览器对象模型中的二级对象,在使用其方法时需要前缀"document."。在第 10 章将作进一步的介绍。

8.4.1　prompt()方法

prompt()方法用于与浏览者交互,接收浏览者输入的信息,在 JS 脚本中的用法格式如下:

　　　　　　var 变量名＝prompt("提示信息");

其中,用于变量申明的关键字 var 可省略。

8.4.2　alert()方法

用于向页面输入(警告)信息,通常也用于脚本代码的分段调试。JS 用法如下:

　　　　　　window.alert(表达式);

或

　　　　　　alert(表达式);

8.4.3　write()方法

Document 对象代表浏览器窗口中的页面文档,它的一个重要方法 write(),实现向页面输出信息,在 JS 脚本里的用法如下:

　　　　　　document.write(表达式);

使用上面的方法,把 HTML 标记作为特殊的文本输出,则是 HTML 代码和 JS 代码的混合编程。因此,生成页面元素除了在＜body＞部分使用 HTML 标记外,还可以在脚本中通过 document.write()方法输出 HTML 标记实现,两种方法具有等效性。例如下面的两种代码等效。

JS 脚本代码：

<script>

document. write("<img src='jpg/01. jpg'>");

</script>

HTML 代码：

<body>

<img src="jpg/01. jpg">

</body>

注意：在脚本中输出 HTML 标记这种方式更加灵活，它使得建立页面的动态效果和交互效果成为可能，如制作动态表格和动态链接等。

【例 8.6】 动态表格制作。

【设计效果和代码】 一个动态表格的示例，在 DW 中的设计效果和代码如图 8-3 所示。

图 8-3 动态表格示例在 DW 中的编辑效果

【浏览效果】 访问 http://www. wustwzx. com/webdesign/sj05-2. html，浏览器窗口中出现"动态表格示例"命令按钮，单击该按钮后出现脚本运行提示，分别输入姓名和年龄后，在页面中以表格显示刚才输入的信息。例如：分别输入"李娜"和 20 后，页面效果如下：

个人信息

姓名	年龄
李娜	20

习　题　8

一、判断题（正确用"A"表示，错误用"B"表示）

1. 用户浏览含有客户端脚本的网页时，可以获得该文档里的客户端代码。
2. 在客户端 JS 脚本中，函数的执行次数由该函数被调用次数决定。
3. 在客户端 JS 脚本中使用 document. write( )方法时，不能输出 HTML 标记。
4. HTML 静态网页中可以包含客户端脚本。
5. 客户端脚本中的代码是由内嵌在浏览器中的脚本引擎解释执行的。
6. 在客户端 JS 脚本中定义函数和 for 循环体，需要使用一对圆括号和一对花括号{…}。
7. 作为客户端的脚本引擎，只有 JS 一种。
8. 使用 HTML 标记定义页面元素时，不能同时定义该对象的多个事件。
9. 在 JS 脚本中，字符型常量使用一对双撇号或一对单撇号表示。

二、选择题

1. 客户端 JS 脚本中的函数定义应置于_____标记内。
    A. html　　　　　B. head　　　　　C. style　　　　　D. script
2. 使用＜Script＞标记包含某个外部 JS 脚本文件到当前页面，应使用_____属性。
    A. href　　　　　B. source　　　　　C. src　　　　　D. here
3. 在 JS 脚本中，对代码注释的正确方法是_____。
    A. \\　　　　　B. //　　　　　C. / ＊ 和 ＊ /　　　　　D. B 和 C
4. 下列不是＜Script＞标记的属性是_____。
    A. Href　　　　　B. Language　　　　　C. Runat　　　　　D. Src
5. 在 JS 脚本中使用 Window 对象提供的 Alert 方法的正确格式是_____。
    A. Window. alert( )　　　　　　　B. window. alert( )
    C. alert( )　　　　　　　　　　　D. B 和 C 都正确

三、填空题

1. 脚本可分为服务器端脚本和_____脚本两大类。
2. 在对象的 PEM 模型中，属性和_____被称为对象的两个要素。
3. 在 JS 脚本中，alert( )方法是_____对象提供的方法。
4. 浏览 HTML 静态网页时，要获得页面中的客户端脚本，要使用浏览器的_____菜单。
5. 在客户端 JS 脚本中访问某个对象的某个属性，其方法是_____。
6. 程序结构可分为顺序、选择和_____三种。
7. 客户端脚本分为内联式脚本、内部脚本和_____脚本三种使用方式。

实验 5　客户端脚本及 JavaScript 脚本语言的使用

（http：//www.wustwzx.com/webdesign/sy05.html）

一、实验目的

1. 掌握内联式脚本与内部脚本的用法区别；
2. 掌握在 HTML 文档中使用＜Script＞标记嵌入 JS 脚本的方法；
3. 掌握 JS 的分支语句和循环语句的用法；
4. 掌握两个特殊对象（Window 对象和 Document 对象）提供的方法的使用；
5. 掌握在脚本中输出 HTML 标记的方法；
6. 掌握在脚本中访问页面对象属性的方法。

二、实验内容及步骤

1. 背景音乐的播放控制。

【浏览效果】　访问 http：//www.wustwzx.com/webdesign/sj05-1.html，出现页面的背景音乐，单击"音量测试"按钮后会立即输出当前音量值的消息框（注意：当前音量值并不是一个大于 0 的正整数！）；单击页面中的"播放"和"静音"两个命令按钮能实现对页面背景音乐的播放控制。

【设计要点】　保存页面代码并命名 sj05-1.html 存放至站点根目录里，查看如下知识点的代码：

- 定义命令按钮及其 OnClick 事件。
- 内联式脚本。
- 在脚本中访问对象属性的方法。
- ＜bgsound＞标记的 Volume 属性。

2. 动态表格。

【浏览效果】　访问 http：//www.wustwzx.com/webdesign/sj05-2.html，浏览器窗口中出现"动态表格综合示例"命令按钮，单击该按钮后出现脚本运行提示，分别输入姓名和年龄后，在页面中以表格显示刚才输入的信息。

【设计要点】　保存页面代码并命名 sj05-2.html 存放至站点根目录里，查看如下知识点的代码：

- Window 对象的 Prompt 方法；
- 内部脚本；
- 函数的作用与定义方法；
- 在脚本中输出 HTML 标记和 JS 变量（混合编程）。

3. 练习选择结构。

【浏览效果】　访问 http：//www.wustwzx.com/webdesign/sj05-3.html，浏览器

窗口中出现两个文本框，一个用于显示题目，另一个用于浏览者输入答案。其中后者有默认值——"请在这儿输入答案"，当鼠标置于第二个文本框内时，默认的文本清空。当浏览者分别输入 2500（正确答案）和一个错误答案（如 200）时，会显示不同的信息。

【设计要点】　保存页面代码并命名 sj05-3.html 存放至站点根目录里，查看如下知识点的代码：

- 在脚本中访问文本框的 Value 属性。
- 文本框的获得焦点事件——内联式脚本处理该事件。
- 文本框的更新后事件——内部脚本——定义 JS 函数。
- JS 脚本实现选择结构的 if 语句。

4. 练习循环结构。

【浏览效果】　访问 http://www.wustwzx.com/webdesign/sj05-4.html，浏览器窗口中出现两个文本框和一个命令按钮，左边的文本框用于显示题目，右边的文本框用于显示计算结果，中间是命令按钮。当单击"计算"命令按钮后，右边文本框立即显示计算结果。

【设计要点】　保存页面代码并命名 sj05-4.html 存放至站点根目录里，查看如下知识点的代码：

- 文本框标记的 Size 属性——以字符个数表示文本框的宽度。
- 命令按钮的 OnClick 事件——定义脚本函数响应。
- for 循环结构。

三、实验小结及思考

（由学生填写，重点写上机中遇到的问题）

第9章 JavaScript 内置对象及其应用

JavaScript 内置了若干对象,这些对象都有自己的属性或方法以供编写脚本使用,它们是 JS 语言的核心部分。内置对象可分为动态对象和静态对象,动态对象在使用前需要使用 new 运算符为其创建实例。本章学习要点如下:

- Date 对象提供的关于获取客户端日期/时间的相关方法;
- Array 对象的建立方法与相关属性的使用;
- String 对象的相关属性与方法;
- Math 对象的相关属性与方法。

9.1 日期/时间对象 Date

借助如下的方法,获取实例(客户端)当前的日期和时间。JS 用法格式如下:

[var] 对象名＝new Date();

- 方括号[…]表示可以省略。
- 关键词 Date 中的字母 D 必须大写,其他小写。
- new 是 JS 的运算符,用于创建动态对象的一个实例,必须小写。
- Date 后一对圆括号必须写,不可省略。
- 例如:var rqsj＝new Date();

9.1.1 获得日期的相关方法

创建了日期对象的实例后,可使用以下方法获得日期信息。

- getYear():年份。
- getMonth():月份,取值 0～11,0 代表 1 月份,……11 代表 12 月份。
- getDate():天,取值 1～31。
- getDay():星期,取值 0～6,0 代表星期天,1 代表星期一,……6 代表星期六。

9.1.2 获得时间的相关方法

创建了日期对象的实例后,还可以使用以下方法获得时间信息。

- getHours():小时,取值为 0～23。
- getMinutes():分钟,取值为 0～59。
- getSeconds():秒,取值为 0～59。

【例 9.1】 显示客户端的日期/时间,并给相应的问候语。

【源代码】 访问 http://www.wustwzx.com/webdesign/sj06-1。

```
<html>
<head>
<title> JS 内置的日期对象的使用</title>
<script language="javascript">
  var MyDate=new Date() //Date 是 JS 内置的动态对象
  rq='今天是:'+MyDate.getYear()+'年'+(MyDate.getMonth()+1)+'月'+MyDate.
getDate()+'日'
  switch(MyDate.getDay())　//开关语句
  {
    case 0:
        rq+='星期天';break;　//复合赋值(字符串连接)是先运算后赋值
    case 1:
        rq+='星期一';break;
    case 2:
        rq+='星期二';break;
    case 3:
        rq+='星期三';break;
    case 4:
        rq+='星期四';break;
    case 5:
        rq+='星期五';break;
    case 6:
        rq+='星期六';
  }
  //注意:上面 getMonth()方法的取值范围为 0~11
  document.write(rq+"<br> ");　//HTML 标记<br> 作为特殊的文本
  sj='现在时刻:'+MyDate.getHours()+':'+MyDate.getMinutes()+":"+MyDate.
getSeconds();
  document.write(sj+"<br> ");
  if(MyDate.getHours()<8)
     document.write("早上好!");
  else
     if(MyDate.getHours()<12)
     document.write("上午好!");
else
     if(MyDate.getHours()<19)
          document.write("下午好!");
     else
          document.write("晚上好!");
</script>
<style type="text/css">
body{font-size:24px;color:#FF0000;}
```

```
</style>
</head>
<body>
</body>
</html>
```

【浏览效果】 浏览页面的效果,如图 9-1 所示。

图 9-1 访问文档 sj06-1. html 时的显示效果

注意:窗口中的日期和时间是客户端计算机的,而且在不同的时间访问所出现的信息会不同。

9.2 数组对象 Array

9.2.1 Array 对象

Array 对象,也称数组对象,它是编程中常见的一种数组结构。数组是一组有序的值的集合,对于其中的每一个值,通过数组名和数组下标进行访问。在 JS 脚本中创建数组的方法如下:

var 数组名=new Array(3);

例如,要建立一个 student 数组,其中的值分别为 Tom、John、Mary,可通过如下语句建立数组:

```
var student=new Array(3);
student[0]="Tom";student[1]="John";
student[2]="Mary";
```

- 创建数组,实质上是定义了一组变量,其变量个数就是数组长度。
- 数组的长度属性是 length,在 JS 脚本中可以访问。
- 数组变量的引用方式是:数组名[下标],其中下标从 0 开始使用。
- 定义数组时,保留 var 可以省略。

注意:定义数组时使用一对圆括号,引用数组元素时使用一对方括号。

【例 9.2】 下拉列表点歌。

【源代码】 访问 http://www.wustwzx.com/webdesign/sj06-2。

```
<html>
<head>
<title>背景音乐播放·下拉列表点歌</title>
<script>
var songs=new Array(3)   /*定义歌曲文件数组*/
songs[0]="音频/月光女神-莎拉·布莱蔓.mp3";
songs[1]="音频/杨坤-牧马人.mp3";
songs[2]="音频/西游记.mp3";
function change()
{ var k,mm;
  for(k=0;k<select1.length;k++)  //下拉列表的 length 属性
    if(select1.options[k].selected)  //selected 属性
      {
          //alert("你选择了歌曲"+(k+1)+"!");
          aa.src=songs[k];  break;
      }
}
</script>
</head>
<body>
<bgsound  id="aa"  src="音频/欢快的乐曲.mid"  loop=-1>
<input  type=button    onclick="aa.volume=-10000"value=静音>
<input  type=button    onclick="aa.volume=0"  value=打开>
<select name="select1" onBlur="change()"> <!--onBlur 为失去焦点事件-->
    <option> 1.月光女神-莎拉·布莱蔓</option>
    <option  selected> 2.杨坤-牧马人</option>
    <option> 3.西游记</option>
</select>
</html>
```

【浏览效果】 浏览页面时,播放页面的背景音乐,在浏览器窗口中出现一个下拉列表框,用于浏览者选择要播放的文件,如图 9-2 所示。

图 9-2　访问文档 sj06-2.html 时的显示效果

【例 9.3】 在浏览器窗口正中央浏览一组图片。

【源代码】 访问 http://www.wustwzx.com/webdesign/sj06-3。

```
<html>
<head>
<title>在浏览器窗口的正中央显示一组图片</title>
<script>
var xhz=0;   //初始为第 1 幅
var tx=new Array(5);
tx[0]="jpg/girl1.jpg";
tx[1]="jpg/girl2.jpg";
tx[2]="jpg/lm.jpg";
tx[3]="jpg/girl4.jpg";
tx[4]="jpg/girl5.jpg";
function ff()    //下一幅方法
{
    xhz++;
    if(xhz==5)   //数组中共存放 5 幅图片的 URL
        xhz=0;       //数组下标有效范围从 0 到 4
    xh.value=xhz+1;   //显示图片序号
    txk.src=tx[xhz];   //刷新图像框
}
function rf()   //上一幅方法
{
    xhz--;
    if(xhz==-1)
        xhz=4;
    xh.value=xhz+1;
    txk.src=tx[xhz];
}
</script>
</head>
<body>
<table width="100%" height="100%" border="1" bordercolor="#FF0000">
    <tr>
        <td align="center" valign="middle">
            <table border=1  align=center>
                <tr>
                    <td><img src="jpg/girl1.jpg" width="300" height="280"name
=txk></td>
                </tr>
                <tr>
```

```
          <td    align=center>
          <input name="FF" type=" button" value="下一幅" onClick="ff()">
          当前图片序号：
          <input type=text name=xh value=1 size=1>
          <input name="RF" type="button" value="上一幅"
onClick="rf()"></td>
              </tr>
          </table>
      </td>
   </tr>
</table>
</body>
</html>
<!--
```

注意：在使用 DW 编辑时，系统自动添加的位于<html>标记前的代码必须去掉！即

```
<!DOCTYPE html PUBLIC "-//W3C//DTD XHTML 1.0 Transitional//EN""http://www.w3.
org/TR/xhtml1/DTD/xhtml1-transitional.dtd">
-->
```

【浏览效果】 浏览页面时，在浏览器窗口正中央显示一幅图像，在图像下方有两个用于选择图像的命令按钮和一个显示当前图像序号的文本框，如图 9-3 所示。

图 9-3 通过单击命令按钮显示一组图像

9.2.2　使用 elements 数组访问表单元素

　　表单里的元素也是页面中的元素,除了可以按名访问外,还可以使用 elements[]数组访问。命名访问表单第 i 个元素的属性的方法如下:

表单名.elements[i].属性名　i=0,1,2…

其中,下标 i 为该元素在表单内元素出现的先后顺序,从 0 开始编号。

　　使用特殊的 elements 数组表示表单内的元素,这与按名称访问页面中的元素是不同的。

9.3　字符串对象 String

　　String 表示字符串对象。在上一章中,我们知道,字符串使用一对单撇号或一对双撇号。作为 JS 内置对象的 String 对象,其用法格式是:

var str=new　String("一串字符");

　　注意:字符串对象与字符串具有相同的属性和方法。

9.3.1　属性

　　字符串(对象)只有一个属性——length,表示字符(串)的长度。如果 s="Hello",则 s.length=5。

　　注意:一个汉字按一个字符计。

9.3.2　方法

1. 子串查找方法(函数)indexOf()

indexOf()函数的用法格式如下:

StrObj.indexOf(subString[,startIndex]);

该函数的功能是返回子字符串 subString 在字符串对象(或变量)StrObj 中的起始位置。如果不存在,则返回-1。任选参数 startIndex 表示开始查找的起始位置,如果省略,则从字符串的开始处查找。

　　例如:str="abcdefghxeye",则 str.indexOf("e")=4,str.indexOf("e",6)=9,str.indexOf("c",6)=-1。

2. 截取子串方法(函数)

1) SubString()方法(函数)

SubString()的用法格式如下:

SubString(m[,n]);

该函数的功能是返回从第 m 位至第 n 位(不包括第 n 位的字符)之间的 n~m 个字符。

例如：s=" How are you? "，则 s. SubString(4,6)=" ar "，s. SubString(4)=" are you? "

2）SubStr()方法（函数）

SubStr()函数的用法格式如下：

$$SubStr(m,n);$$

该函数的功能是返回从第 m 位开始的前 n 个字符。

例如：s=" How are you?"，则 s. SubStr(4,3)=" are "

注意：上述字符串处理函数中的位置序号是从 0 开始编号的。

3. 大小写转换方法（函数）

1）toUpperCase()方法（函数）

该函数的功能是将字符串全部转换为对应的大写字母。例如：

$$toUpperCase("Hello")="HELLO"$$

2）toLowerCase()方法（函数）

该函数的功能是将字符串全部转换为对应的小写字母。例如：

$$toUpperCase("Hello")=" hello "$$

字符串（对象）的方法常用于考试系统、情报检索系统等的设计中。

【**例 9.4**】　在线测试页面设计（除评分外还含有正误对照）。

【设计要点】

● 三种题型实质上可用两种类型的表单元素实现，即单选按钮和复选框。

● 每一个判断题实质上对应两个具有相同 Name 属性值的单选按钮，每一个单选题对应四个具有相同 Name 属性值的单选按钮。

● 对于多选题，每题对应五个复选框（不必要求它们具有相同的 Name 属性值）。

● 考生作答的过程就是在表单内设置单选按钮和对复选框进行勾选。

● 使用 elements[]数组表示方法，方便使用循环结构访问表单元素，从而方便处理表单中的数据。

● 在页面的最后还定义一个命令按钮的 OnClick 事件，处理代码在客户端 JS 脚本内。

● 在 JS 脚本中获取考生的作答，实质上访问表单内单选按钮和复选框的 checked 属性，它是评分的依据。

● 每大题的标准答案在一个字符串中，将考生的答案字符串与标准答案字符串比较的过程，就是评分过程。

● 考生单击表单最后的"提交答案"命令按钮，则执行 JS 脚本函数 tjpf()并输出考试成绩。

● 为方便考生练习，将考生答案与标准答案以表格形式对照输出。

答题页面的表单效果如图 9-4 所示。

一、判断题（每小题6分，共30分）

1. 对于客户端的所有页面请求，Web服务器直接将该文档传送到客户端并由客户端的浏览器解释执行。
   答案：对 ○ 错 ○

2. 所有网页文件及其相关文件（如样式文件、脚本文件等）都可以用Windows的记事本程序打开和编辑。
   答案：对 ○ 错 ○

3. title属性用于显示页面的标题。
   答案：对 ○ 错 ○

4. <a>标记是通过src属性给出链接的目标网页或文件的。
   答案：对 ○ 错 ○

5. <img>标记能插入jpg、gif等格式的图片文件，但不能swf格式的动画。
   答案：对 ○ 错 ○

二、单项选择题（每小题6分，共30分）

6. 文本框的字符宽度用（　　）属性设定。
   A.Width　　　B.Length　　　-C.Size　　　D.Height
   答案：A ○ B ○ C ○ D ○

7. 网页的自动定时刷新可通过（　　）标记实现。
   A.meta　　　B.Refresh　　　C.http-equiv　　　D.setInterval
   答案：A ○ B ○ C ○ D ○

8. 设某个文本框命名为text1，要刷新该文本框的内容为"k-001"，应使用（　　）。
   A.text1.value=k-001　B.text1.caption="k-001"　C.text1.value="k-001"　D.text1.title="k-001"
   答案：A ○ B ○ C ○ D ○

9. JavaScript的Date对象的getMonth()方法取值为（　　）。
   A.1~12　　　B.0~6　　　C.0~11　　　D.1~7
   答案：A ○ B ○ C ○ D ○

10. 如果lb是某个下拉列表的名称，则它的列表项总数可通过（　　）获得。
    A.lb.size　　　B.lb.length　　　C.lb.options.length　　　D.lb.height
    答案：A ○ B ○ C ○ D ○

三、多项选择题（每小题10分，共40分）

11. 使用ASP VBScript时，能够获得当前时间的函数是（　　）。
    A Date　B Time　C Now　D Year　E Data
    答案：A □ B □ C □ D □ E □

12. 属于Request对象提供的方法是（　　）。
    A.QueryString　B.Write　C.Form　D.End　E.Recieve
    答案：A □ B □ C □ D □ E □

13. 关于样式，下列说法中正确的是（　　）。
    A.样式由<style>标记定义
    B.样式属性含于一对花括号{…}内
    C.样式定义中的名称和值之间用冒号":"分隔
    D.样式定义中的"名:值"对之间用逗号"，"分隔
    E.在Dreamweaver中修改样式比使用记事本程序修改样式更方便
    答案：A □ B □ C □ D □ E □

14. 下列属于JavaScript内置对象的是（　　）。
    A.Date　　B.Time　　C.String　　D.Math　　E.Array
    答案：A □ B □ C □ D □ E □

提交答案

图 9-4　在线测试的表单页面

【源代码】　访问 http：//www.wustwzx.com/webdesign/sj06-4.html。

```
<html>
<head>
<title> 在线测试(含评分及错误对照)</title>
<style>
.bt{
      color:# FF0033;
      font-family:"楷体_GB2312";
      font-size:22px;
      font-weight:bold;
}
.zl{
      color:#33CCCC;
      font-family:"新宋体";
      font-size:18px;
}
</style>

<script>
function tjpf()
{
      var sum=0;         //总分变量 sum
      p1="B,A,B,A,A";    //5 个判断题(包括 10 个单选按钮)的正确答案
      var t1="";         //考生判断题答题,答题结果记录初始化
      for(i=0;i<5;i++)
      {     //c 为表单名称,表示单选题的表单元素序号 0~9
          if(c.elements[2*i].checked‖c.elements[2*i+1].checked)    //判断题每
题 2 个选项
                  if(c.elements[2*i].checked)
                          v=c.elements[2*i].value;
                    else
                          v=c.elements[2*i+1].value;
            else
                  v="0";      //本题没有选择

              //以下记录考生选择
          if(i==0)   //首题
                    t1=t1+v;
            else
                    t1=t1+','+v;
      }
      for(i=0;i<5;i++)
```

```
{
        a=p1.substring(i*2,i*2+1);   //正确答案
        b=t1.substring(i*2,i*2+1);   //考生作答
        if(a==b) sum=sum+6; //每题6分
}


t2="";     //考生单选题答题
p2="C,A,C,C,B";   //正确答案
for(i=0;i<5;i++)   //5小题
{
        flag=0;   //假设本题没有作答
        for(j=0;j<4;j++)   //每题4个选项
          if(c.elements[10+4*i+j].checked)
              {
                    flag=1;
                    v=c.elements[10+4*i+j].value;
                    break;   //中止循环,因为是单项选择
              }
        if(!flag)  v="0";

            //以下记录考生选择
          if(i==0)   //首题
                  t2=t2+v;
          else
                  t2=t2+','+v;
}
for(i=0;i<5;i++)
  {
      a=p2.substring(i*2,i*2+1);   //正确答案
      b=t2.substring(i*2,i*2+1);   //考生作答
      if(a==b)sum=sum+6;  //每题6分
  }


p3="BC,AC,ABCE,ACDE"   //4个多选题的正确答案
t3="";        //考生答题串
for(i=0;i<4;i++)   //多选题共4小题
{
    flag=0;//假设本题没有作答
    v="";  //记录多项
    for(j=0;j<5;j++)   //多选题每题5个选项
      if(c.elements[30+5*i+j].checked)
              {
```

```
                              flag=1;
                              v+=c.elements[30+5*i+j].value;   //复选
                         }

        if(!flag)    v="0";
    //以下记录考生选择
        if(i==0)    //首题
                    t3=t3+v;
        else
                    t3=t3+','+v;
    }
beginpos1=0;     //标准答案串,每题答案长度不一!
beginpos2=0;     //考生作答字符串
for(i=0;i<4;i++)   //4道题
{
    endpos1=p3.indexOf(",",beginpos1);
    endpos2=t3.indexOf(",",beginpos2);
    if(i==4-1)   //最后一题答案分离方法
        {
                a=p3.substring(beginpos1);
                b=t3.substring(beginpos2);
        }
    else
        {
            a=p3.substring(beginpos1,endpos1);   //标准答案串位于逗号前
            b=t3.substring(beginpos2,endpos2);   //考生答案位于逗号前
        }
    if(a==b)sum=sum+10;   //每题 10 分
    beginpos1=beginpos1+a.length+1;//下一题的开始位置
    beginpos2=beginpos2+b.length+1;
}


document.write("你的成绩为:<font color=red> <b> ");
document.write(sum);
document.write("分</b></font> ,答题信息如下:<br> ");
document.write("<table width=50%  border=1> ");   //表格定义开始
document.write("<tr   <td width=20%>题号</td    <td width=20%>正确
答案</td><td width=20%>你的答案</td></tr>");
    for(i=0;i<5;i++)        //输出判断题
{    document.write("<tr> ");   /*下一行输出题号*/
    document.write("<td>");document.write(i+1);
    document.writeln("</td>");
```

```
        a=p1.substring(i*2,i*2+1);    //正确答案
        b=t1.substring(i*2,i*2+1);    //考生作答
        document.write("<td> "+a+"</td>");
        if(a==b)
                document.write("<td>"+b+"</td>");
        else
        {   if(b=="0")
                document.write("<td> </td>");
            else
                document.write("<td><font color=red>"+b+"</font></td>");
                                    //错误答案,红色标记
        }
        document.write("</tr> ");
}

for(i=0;i<5;i++)    //输出单选题
{
        document.write("<tr>");
        document.write("<td>");document.write(i+6);
        document.writeln("</td>");    //输出单选题号
        a=p2.substring(i*2,i*2+1);
        b=t2.substring(i*2,i*2+1);
        document.write("<td>"+a+"</td>");
        if(a==b)
                document.write("<td> "+b+"</td>");
        else
        {   if(b=="0")
                document.write("<td> </td>");
            else
                document.write("<td><font color=red>"+b+"</font></td>");
        }
        document.write("</tr>");
}

beginpos1=0;      //标准答案串定位变量
beginpos2=0;      //考生作答串定位变量
for(i=0;i<4;i++)  //输出多选题
{   document.write("<tr> ");
    document.write("<td> ");document.writeln(i+11);
    document.writeln("</td> ");      //输出多选题号
    endpos1=p3.indexOf(",",beginpos1);
    endpos2=t3.indexOf(",",beginpos2);
```

```
        if(i==3)    //最后一项
            {
                a=p3.substring(beginpos1);
                b=t3.substring(beginpos2);
            }
        else
            {   a=p3.substring(beginpos1,endpos1);   //标准答案串
                b=t3.substring(beginpos2,endpos2);   //考生作答串
            }
        document.write("<td>"+a+"</td> ");
        if(a==b)document.write("<td>"+b+"</td>");
        else
        {   if(b=="0")
                document.write("<td> </td>");
            else
                document.write("<td><font color=red>"+b+"</font></td>");
        }
        document.writeln("</tr> ");
        beginpos1=beginpos1+a.length+1;//下一题的开始位置
        beginpos2=beginpos2+b.length+1;
    }
    document.write("</table> ");
}   //tjpf()函数定义结束
</script>
</head>
<body>


<form name="c">
  <span class=bt>
一、判断题(每小题 6 分,共 30 分)</span>
<p>

1. 对于客户端的所有页面请求,Web 服务器直接将该文档传送到客户端并由客户端的浏览器
   解释执行。<br>
   <font color="#0000FF">  答案:</font>
   对<input type="radio" name="pd01" value="A">  错 <input type="radio"
   name="pd01" value="B">
   < p>

2. 所有网页文件及其相关文件(如样式文件、脚本文件等)都可以用 Windows 的记事本程序打
   开和编辑。<br>
   <font color="#0000FF">  答案:</font> 对
   <input type="radio" name="pd02" value="A"> 错 <input type="radio"
   name="pd02" value="B"><p>
```

3. title 属性用于显示页面的标题。

<font color="#0000FF">　答案:</font>

对<input type="radio" name="pd03" value="A">

错<input type="radio" name="pd03" value="B"><p>

4. &lt;a&gt;标记是通过 src 属性给出链接的目标网页或文件的。

<font color="#0000FF">　答案:</font>

对<input type="radio" name="pd04" value="A">

错<input type="radio" name="pd04" value="B"><p>

5. &lt;img&gt;标记能插入 jpg、gif 等格式的图片文件,但不能 swf 格式的动画。

<font color="# 0000FF">　答案:</font>

对<input type="radio" name="pd05" value="A">

错<input type="radio" name="pd05" value="B">

<p>

<span class="bt">

二、单项选择题(每小题 6 分,共 30 分)</span><p>

6. 文本框的字符宽度用(　　)属性设定。

A.Width　　　　B.Length　　　　C.Size　　　　D.Height

<font color="#0000FF">　答案:</font>

A<input type="radio" name="dx12" value="A">

B<input type="radio" name="dx12" value="B">

C<input type="radio" name="dx12" value="C">

D<input type="radio" name="dx12" value="D"><p>

7. 网页的自动定时刷新可通过(　　)标记实现。

A.meta　　　　B.Refresh　　　　C.http-equiv　　D.setInterval

<font color="#0000FF">　答案:</font>

A<input type="radio" name="dx13" value="A">

B<input type="radio" name="dx13" value="B">

C<input type="radio" name="dx13" value="C">

D<input type="radio" name="dx13" value="D"> <p>

8. 设某个文本框命名为 text1,要刷新该文本框的内容为 &quot;k-001&quot;,应使用(　　　)

A.text1.value=k-001

B.text1.caption=&quot;k-001&quot;

C.text1.value=&quot;k-001&quot;

D.text1.title=&quot;k-001&quot;

<font color="# 0000FF">　答案:</font>

A<input type="radio" name="dx14" value="A">

B<input type="radio" name="dx14" value="B">

C<input type="radio" name="dx14" value="C">

D<input type="radio" name="dx14" value="D"><p>

9. JavaScript 的 Date 对象的 getMonth()方法取值为(　　)。

A.1~12　　　　B.0~6　　　　　C.0~11　　　　D.1~7

```
<font color="# 0000FF"> 答案:</font>
    A<input type=" radio" name=" dx15" value=" A">
    B<input type=" radio" name=" dx15" value=" B">
    C<input type=" radio" name=" dx15" value=" C">
    D<input type=" radio" name=" dx15" value=" D"><p>
```

10. 如果 lb 是某个下拉列表的名称,则它的列表项总数可通过(　　)获得。`<br>`

  A.lb.size   B.lb.length

  C.options.length   D.lb.height`<br>`

```
<font color="#0000FF">    答案:</font>
    A<input type=" radio" name=" dx18" value=" A">
    B<input type=" radio" name=" dx18" value=" B">
    C<input type=" radio" name=" dx18" value=" C">
    D<input type=" radio" name=" dx18" value=" D">
    <p class=" bt">
```

三、多项选择题(每小题 10 分,共 40 分)

`<p>`

11. 使用 ASP VBScript 时,能够获得当前时间的函数是(　　)`<br>`

  A.Date   B.Time   C.Now   D.Year   E.Data`<br>`

```
<font color="# 0000FF">    答案:</font>
    A<input type=" checkbox"  value=" A">
    B<input type=" checkbox"  value=" B">
    C<input type=" checkbox"  value=" C">
    D<input type=" checkbox"  value=" D">
    E<input type=" checkbox"  value=" E">
    <p>
```

12. 属于 Request 对象提供的方法是(　　)`<br>`

  A.QueryString B.Write   C.Form   D.End   E.Recieve`<br>`

```
<font color="#0000FF">    答案:</font>
    A<input type=" checkbox"  value=" A">
    B<input type=" checkbox"  value=" B">
    C<input type=" checkbox"  value=" C">
    D<input type=" checkbox"  value=" D">
    E<input type=" checkbox"  value=" E">
    <p>
```

13. 关于样式,下列说法中正确的是(　　)`<br>`

  A.样式由 <style>标记定义`<br>`

  B.样式属性含于一对花括号{…}内`<br>`

  C.样式定义中的名称和值之间用冒号“:”分隔`<br>`

  D.样式定义中的“名:值”对之间用逗号“,”分隔`<br>`

  E.在 Dreamweaver 中修改样式比使用记事本程序修改样式更方便`<br>`

```
<font color="#0000FF">    答案:</font>
    A<input type=" checkbox"  value=" A">
```

```
B<input type="checkbox" value="B">
C<input type="checkbox" value="C">
D<input type="checkbox" value="D">
E<input type="checkbox" value="E"><p>
```

14. 下列属于 JavaScript 内置对象的是(   )

```
A.Date          B.Time      C.String  D.Math      E.Array<br>
<font color="# 0000FF">    答案:</font>
A<input type="checkbox" value="A">
B<input type="checkbox" value="B">
C<input type="checkbox" value="C">
D<input type="checkbox" value="D">
E<input type="checkbox" value="E"> <p>
<INPUT type=button  value=提交答案 onclick=tjpf()>
</form>
</body>
</html>
```

答题完毕,单击"交卷"按钮后出现的页面效果如图 9-5 所示。

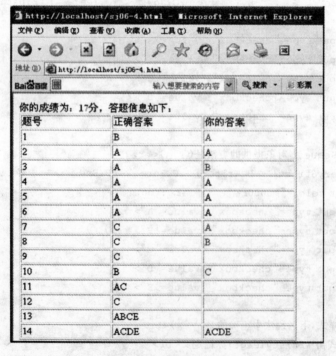

图 9-5 某个学生所做的在线测试结果

9.4 数学对象 Math

数学对象 Math 是 JS 的内置静态对象,可直接访问其属性和方法,即不需要使用

new 运算符创建其实例。

1. 属性

- PI—圆周率常数，即 3.1415926……
- E—欧拉常数，约为 2.718。

2. 方法

- abs(num)—返回参数 num 的绝对值。
- cos(num)—返回参数 num 的余弦值。
- random()—返回一个 0～1 之间的随机数。
- round(num)—将参数 num 四舍五入后返回其整数。

习　题　9

一、判断题（正确用"A"表示，错误用"B"表示）

1. 客户端 JS 脚本中的内置对象都是动态对象，使用前需要创建其实例。

2. 使用 JS 内置对象，其对象名、属性名和方法名中字母的大小写有严格规定。

3. 客户端 JS 脚本中，Date 没有提供获取客户端时间的相关方法。

4. 客户端 JS 脚本中，可以使用字符串（对象）的相关方法进行字符串的截取操作。

5. 在 JS 脚本中访问表单中的元素，只能按该元素定义时标识的名称进行访问。

二、选择题

1. JS 内置的对象中，不是动态对象的是_____。

　　A. Array 对象　　　　B. Date 对象　　　　C. String　　　　　D. Math

2. 客户端 JS 脚本中，从 Date 对象获得星期的数值代码的方法是_____。

　　A. getYear()　　　　B. getMonth()　　　C. getDate()　　　　D. getDay()

3. 客户端 JS 脚本中，设 var rq = new Date()，则 rq. getMonth() 的取值范围是_____。

　　A. 1～12　　　　　　B. 0～12　　　　　　C. 0～11　　　　　　D. 0～12

4. 客户端 JS 脚本中，设 var ss="WUST"，则 ss. length 的值为_____。

　　A. 0　　　　　　　　B. 3　　　　　　　　C. 4　　　　　　　　D. 5

5. 下列关于客户端 JS 脚本的说明中，正确的是_____。

　　A. 定义数组和使用数组元素都是用一对圆括号；

　　B. 定义数组和使用数组元素都是用一对方括号；

　　C. 定义数组使用一对圆括号，引用数组元素使用一对方括号；

　　D. 定义数组使用一对方括号，引用数组元素使用一对圆括号。

三、填空题

1. 使用 JS 内置的_____对象前，必须使用 new 运算符为其创建实例。

2. 在 JS 脚本中，数组的第一个元素的下标是_____。

3. 在客户端 JS 脚本中，alert()方法是由_____对象提供的。

4. 产生随机数方法是由 JS 的内置对象_____提供的。

5. 字符串（对象）只有一个属性，属性名为_____。

6. 在客户端 JS 脚本中，查找一个子串在字符串中的开始位置，应使用的函数（方法）是_____。

实验 6　JavaScript 内置对象的使用

(http://www.wustwzx.com/webdesign/sy06.html)

一、实验目的

1. 掌握 JS 内置动态对象(Date、Array 和 String)的属性与方法的使用;
2. 掌握在 JS 脚本中访问单选按钮和复选框选中属性的用法;
3. 掌握利用 elements[]数组在客户端脚本中访问表单元素的方法;
4. 进一步掌握 JS 流程控制语句(if、for、switch 和 break 等)的用法。

二、实验内容及步骤

1. 显示客户端的当前日期、时间等信息。

   【浏览效果】　访问 http://www.wustwzx.com/webdesign/sj06-1.html,浏览器窗口里显示客户端计算机当前的日期与时间(与计算机任务栏右下角的时间对比)、星期的中文名称,并根据时间段显示相应的问候信息。此外,按浏览器工具栏上的"刷新"按钮,会观察到时间的变化。

   【设计要点】　保存页面代码并命名 sj06-1.html 存放至站点根目录里,查看如下知识点的代码:

   - JS 内置的动态对象 Date 的使用。
   - JS 的开关语句实现选择结构。

2. 背景音乐播放·下拉列表点歌。

   【浏览效果】　访问 http://www.wustwzx.com/webdesign/sj06-2.html,出现页面的背景音乐,在浏览器窗口除了"播放"和"静音"两个命令按钮外,还有一个下拉列表框,供浏览者选择其他的歌曲作为背景音乐。

   【设计要点】　保存页面代码并命名 sj06-2.html 存放至站点根目录里,查看如下知识点的代码:

   - 对站点根目录中"音频"文件夹的相对引用。
   - 在内部脚本中访问页面中的下拉列表框对象。
   - 页面中无形的对象<bgsound>使用 id 属性标识。
   - 在内部脚本中改变由<bgsound>创建的对象的 src 属性。

3. 图片浏览。

   【浏览效果】　访问 http://www.wustwzx.com/webdesign/sj06-3.html,在浏览器窗口正中央出现一幅图像,图像下方有显示当前图像的序号、显示下一幅图像的命令按钮和显示上一幅图像的命令。

   【设计要点】　保存页面代码并命名 sj06-1.html 存放至站点根目录里,查看如下知识点的代码:

   - 表格嵌套,外表格使用相对宽度和相对高度,内表格在水平和垂直两个方向上

都居中;
- 内表格只有一个单元格,放置一幅图像;
- 定义命令按钮的单击事件,事件代码分别在两个 JS 函数内,同时刷新当前图像序号的文本框。

* 4. 在线测试(含评分及错误对照)。

【浏览效果】 访问 http://www.wustwzx.com/webdesign/sj06-4.html,浏览器窗口中出现测试题:五个判断题、五个单选题和四个多选题。页面最后是一个命令按钮,单击此按钮后,即出现答题成绩和每题的正误对照表。

【设计要点】 保存页面代码并命名 sj06-4.html 存放至站点根目录里,查看如下知识点的代码:
- 表单定义、单行选按钮和复选框。
- 表单元素数组 elements[]。
- 在内部脚本中访问表单元素——单选按钮的方法。
- 在内部脚本中访问表单元素——复选框的方法。
- 生成动态表格的方法。

三、实验小结及思考

(由学生填写,重点写上机中遇到的问题)

第10章　浏览器对象及其应用

为了实现页面元素的动态效果和页面的交互效果,除了使用 JavaScript 内置对象外,经常还需要使用浏览器对象。浏览器对象是指文档对象模型中使用的对象,如 HTML元素、Document 对象、Window 对象等,它们都有各自的属性和方法。例如,Window 对象是浏览器的顶级对象,它提供的定时器方法在制作页面的动态效果时就经常用到。本章学习要点如下:

* Window 对象的两种定时器方法;
* Location 对象的 href 属性;
* History 对象的的常用方法。

10.1　浏览器对象模型

浏览器对象模型(如图 10-1 所示)是用来表示 Web 浏览器信息以及 HTML 元素的一个模型,它使脚本可以访问 Web 页上的信息。

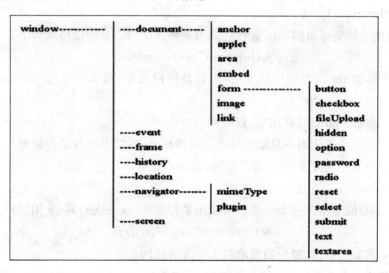

图 10-1　浏览器对象模型示意图

模型说明:

(1) Window 对象表示浏览器的窗口,它是浏览器对象模型中最顶层的对象。

(2) Document、History、Location、Navigator 等称为 Window 对象的二级对象。

(3) Document:窗口中显示的 HTML 文档。

(4) History:访问过的 URL。

（5）Location：当前 URL 信息。

（6）Navigator：包含有浏览器的信息。

10.2 顶级对象 Window

Window 对象表示浏览器的窗口，它是浏览器对象模型中最顶层的对象。使用 Window 对象的方法时，一般省略前缀"window."。下面分别介绍它的属性和方法。

1. 属性

- Document：窗口中显示的 HTML 文档。
- History：访问过的 URL。
- Location：包含有当前 URL 的信息。
- Navigator：包含有浏览器的信息。

注意：上述属性也是对象，称为 Window 对象的二级对象。

2. 方法

Window 对象除了前面介绍过的 alert()、prompt() 方法外，还有如下方法。

1）定时器方法

定时器方法又分以下两种。

（1）setInterval() 方法。

本用法的功能是指每隔 mm 毫秒后采用某种方法，其 JS 用法格式如下：

$$setInterval("\,mn()",mm);$$

- 第一参数 mn() 为使用的方法，通常是用户在 JS 脚本中使用 function 自定义的函数。
- 第二参数 mm 是时间间隔，以毫秒为单位。
- 第一参数必须使用一对双撇号或一对单撇号，第二参数对是否加撇号没有要求；
- 方法中一个大写字母"I"是必须的，其他小写。

（2）setTimeout() 方法。

本用法的功能是指经过 mm 毫秒后使用某种方法（仅一次），其 JS 用法格式如下：

$$setTimeout("\,mn()",mn);$$

- 两个参数的含义、撇号的要求与上一方法相同。
- 方法中一个大写字母"T"是必须的，其他小写。

2）Open() 方法

打开一个已经存在的窗口，或者创建一个新窗口，并在该窗口中加载一个文档。创建一个新窗口的 JS 用法是：

$$Open\ "网页文档";$$

3）Close() 方法

Close() 方法的作用是关闭窗口。

10.3　几个重要的二级对象

本节介绍浏览器对象模型中常用的二级对象（Document、Location 和 History）的属性、事件与方法。在使用这些二级对象的方法与属性时，前缀"window."可以省略。例如，window. document. write()与 document. write()等效，又如 location. href 与 window. location. href 等效。

10.3.1　Document 对象

Document 对象指当前窗口或某个框架中显示的 HTML 文档，通过该对象可以访问网页中的所有对象，从而实现与这些对象的交互。

1. 属性

- location：当前文档的 URL。
- title：文档的标题。
- filesize：文档大小。
- bgcolor：文档的背景色。
- location：文档的 URL。

2. 方法

- write()：向浏览器输出信息，JS 用法格式为：

$$document. write();$$

- close()：关闭文档。

3. 事件

- OnLoad：装入文档时触发。
- OnUnload：卸载文档时触发。

10.3.2　History 对象

History 对象是浏览器已经访问过的网页的 URL 集合，也称历史对象。

1. 属性

length：历史记录中 URL 的数目。

2. 方法

- back()：载入历史列表中的上一个文档，即实现浏览器窗口中"后退"按钮的功能。
- forward()：载入历史列表中的下一个文档，即实现浏览器窗口中"前进"按钮的功能。
- go()：载入历史列表中的一个指定文档。

10.3.3　Location 对象

Location 对象用来表示 HTML 文档的 URL 信息，也称位置对象。

1. href 属性

Location 对象的 href 属性返回或设置当前文档的 URL,在 JS 脚本中设置当前文档的 URL 的用法格式如下:

$$location.\ href="文档的\ url"$$

- 文档的 url 必须使用一对双撇号(或者一对单撇号)。
- 当出现在赋值语句中时,则实现了页面跳转(重定向)。
- location. href 属性与 document. location 属性作用相同,差别是后者不能改变。

10.3.4 Navigator 对象

Navigator 对象表示客户端浏览器的相关信息,主要属性是:

- AppName:浏览器名称。
- AppVersion:浏览器版本。

如图 10-2 所示的代码能显示客户端浏览器的名称及版本信息。

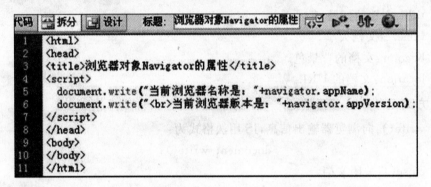

图 10-2　显示客户端浏览器的名称及版本信息

浏览效果可访问页面 http://www.wustwzx.com/webdesign/sj07-5.html。

注意:在客户端脚本中使用时,对象名 navigator 全是小写,属性名有一个字母是大写。否则,不能正常浏览。

10.4　浏览器对象的应用实例

10.4.1　实时显示系统时间

【效果描述】　页面中的三个文本框内实时显示当前时间的时—分—秒,如图 10-3 所示。

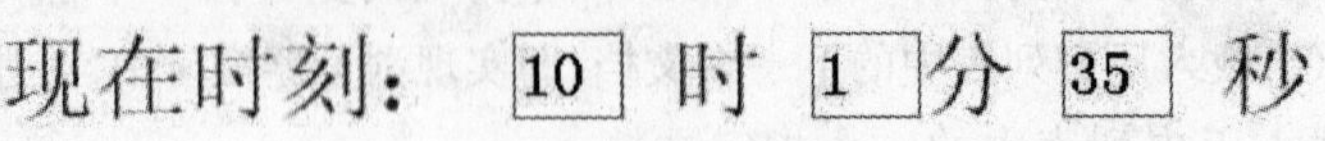

现在时刻:　10　时　1　分　35　秒

图 10-3　实时显示的页面效果

【设计要点】
- 使用日期对象的"时—分—秒"获取方法。

- 定义 Body 对象的 OnLoad 事件()：

＜body OnLoad="xssj()"＞

- 使用文本框的 size 属性(宽度单位为字符)。
- 事件代码位于函数 xssj()内。
- 调用 Window 对象的定时器方法实现实时显示时间。

【源代码】 访问 http：//www. wustwzx. com/webdesign/sj07-1b. html。

```
<html>
<head>
<title> Window对象的 setTimeout()定时器方法</title>
<script>
    function xssj()
    {
      var theDate=new Date()
      xsk.value=theDate.getHours();
      fzk.value=theDate.getMinutes();
      miaok.value=theDate.getSeconds();
      setTimeout("xssj()",1000);//函数自己调用自己,实现了无限循环
    }
</script>
<style type="text/css">
            body {font-size:36px;color:#CC3333;}
            .ys{font-size:24px;color:#0000CC;}
</style>
</head>
<body onLoad="xssj()">
现在时刻：
<input name="xsk"type="text"size="2"readonly="true"class="ys"border=0>时
<input name="fzk"type="text"size="2"class="ys">分
<input name="miaok"type="text"size="2"class="ys">秒
</body>
</html>
```

10.4.2 图像自动翻转

【效果描述】 就象一个像框内重叠存放了若干幅图片,然后一张一张地循环显示。

【设计要点】

- 在页面中插入一个图像,并使用 name 属性对该相框命名。
- 在脚本中启用定时器方法 setInterval()。
- 定义更换图像的方法 disp_img()。
- 引入计数器变量,循环显示图片。

【页面代码】 访问 http：//www. wustwzx. com/webdesign/sj07-2. html。

```
<html>
<head>
<title> 图片定时自动循环翻转</title>
<script>
var tp=new Array(4);  //定义共有 4 张图片的数组对象
tp[0]="jpg/apples.jpg";tp[1]="jpg/girl1.jpg";
tp[2]="jpg/girl2.jpg"; tp[3]="jpg/装涩琪 2.jpg";
j=0;//变量 j 用于计数
setInterval("disp_img()",1500);  //启用定时器方法
function disp_img()
{
        txk.src=tp[j];  //刷新相框里的图片
        j++;  //下一幅
        if(j==tp.length) j=0;  //从头开始显示,数组对象 tp
}
</script>
</head>
<body >
<img src="jpg/apples.jpg"  width="185"height="180"name="txk">
</body>
</html>
```

10.4.3 利用 Location 对象做动态链接

【效果描述】 在页面中显示一个下拉列表框,当用户选择某个网址后,发生相应的页面跳转。

【设计要点】

- 定义要访问网站的域名数组。
- 使用 JS 脚本生成页面中的下拉列表框并设置 Value 属性。
- 访问本对象的值——this. value。
- 定义下拉列表框的失去焦点事件——OnBlur。
- 定义带参数的 JS 函数——fw(url),其功能是使页面重定向至指定的 URL 地址。
- 用函数响应事件。

【源代码】 http://www. wustwzx. com/webdesign/sj07-3b. html。

```
<html>
<head>
<title> 使用位置对象 Location 的 href 属性实现动态超链接</title>
<script>
    var name=new Array(3);
    var url=new Array(3);
    url[0]='http://www.baidu.com';
```

```
        url[1]='http://www.wust.edu.cn';
        url[2]='http://www.wustwzx.com';
        name[0]='百度网站';
        name[1]='武汉科技大学网站';
        name[2]='吴志祥:教学网站';
        document.write("<select Onblur='fw(this.value)'>");
            //定义下拉列表框的失去焦点事件,并传下拉列表选择的值给 fw()函数
        for(k=0;k<name.length;k++)   //数组的长度属性,提高通用性
            document.write("<option value="+url[k]+">"+ name[k]+"</option>");
                //对每列表项应用 value 属性
        document.write("</select>");
      function fw(url)   //url 称为函数参数
      {
        location.href=url;      //链接到指定的地址
      }
    </script>
    </head>
    <body>
    </body>
    </html>
```

10.4.4　历史对象 History 的使用

【效果描述】　访问 http://www.wustwzx.com/webdesign/sj07-4.html,浏览器窗口中出现一个超链接,并有"将会返回本页面"的说明文字,如图 10-4 所示。单击超链接后,进入另一个页面 http://www.wustwzx.com/webdesign/sj07-4a.html,出现一个返回的命令按钮,如图 10-5 所示,单击"确定"按钮后返回至先前的页面。

【设计要点】　实现页面后退的多种方法。

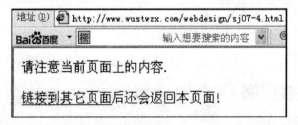

图 10-4　页面调用与返回之主调页面

图 10-5　页面调用与返回之被调页面

【源代码】

- http://www.wustwzx.com/webdesign/sj07-4.html。

```
<html>
<head>
<title>历史对象 History 之 back()方法的使用</title>
</head>
<body>
<p>请注意当前页面上的内容.</p>
<p><a href="sj07-4a.html">链接到其他页面</a>后还会返回本页面!</p>
</body>
</html>
```

- http://www.wustwzx.com/webdesign/sj07-4a.html。

```
<html>
<head>
    <title>历史对象 History 之 back()方法的使用</title>
<script>
    function fh()
{
    //alert("点击'确定'按钮后将返回主调页面!");
    history.back();//第一个字母不能大写!
    //location.href="sj07-4.html" //与上面方法等效
    //history.go(-1);//与上面方法等效
    }
</script>
</head>
<body>
这是被调用页面,要返回至先前的页面,请按<Input type='button'value='返回'OnClick
=fh()>
</body>
</html>
```

*10.5　关于客户端 Cookie 信息

　　Cookie 是浏览器在客户端硬盘上为访问网站开辟的一小块硬盘空间,Web 服务器通常在这块区域上记录一些与用户相关的信息,如浏览者的个人信息、访问站点的次数和时间等(参见 14.7 节),这些 Cookie 信息被保存在 C:\Documents and Settings\用户名\Cookies 中,并且每个 cookie 是一个被加密了的 txt 文件,文件名是以"用户名@网站 URL"命名的。例如,管理员用户上网时的 Cookie 信息存放在如下的文件夹里:

　　C:\Documents and Settings\Administrator\Cookies

　　下面介绍在 JS 脚本中如何建立和使用 Cookie。

1. 设置 cookie

每个 cookie 都是一个名/值对,设置方法如下:

document. cookie="userId=828 ";

如果要一次存储多个名/值对,可以使用分号加空格隔开。例如:

document. cookie="userId=828 ;userName=hulk ";

2. 获取 cookie 的值

使用如下命令:

var strCookie=document. cookie;

将获得以分号隔开的多个名/值对所组成的字符串,这些名/值对包括了该域名下的所有cookie。

注意:

● 只能一次性获取所有的 cookie 值,而不能指定 cookie 名称来获得指定的值,用户必须自己分析这个字符串来获取指定的 cookie 值。

● 在 document. cookie 中,cookie 看上去就像一个属性,可以赋不同的值。但它和一般的属性不一样,改变它的赋值并不意味着丢失原来的值。例如连续执行下面两条语句:

document. cookie="userId=828 ";

document. cookie="userName=hulk ";

这时浏览器将维护两个 cookie,分别是 userId 和 userName。

Cookie 信息提供了在不同页面间传递信息的机制。

习　题　10

一、判断题（正确用"A"表示，错误用"B"表示）

1. 使用 Window 对象提供的定时器方法，需要指定两个参数。

2. 在 JS 脚本中，使用 Document 对象的 write()方法时，必须前缀"document."。

3. 在 JS 脚本中，使用 Window 对象的方法时，前缀的"window."可以省略。

4. 方法 history. back()与方法 history. go(-1)等效。

5. 浏览器对象在使用前也要创建其实例。

二、选择题

1. 提供浏览器名称及版本信息的对象是_____。

 A. Form   B. Document   C. Location   D. Navigator

2. 要实现页面产生跳转，下列用法中正确的是_____。

 A. window. href   B. document. href

 C. document. location. href   D. location. href

3. 在浏览器对象模型中，三级对象 Form 也是二级对象_____的属性。

 A. Document   B. Navigator   C. History   D. Location

4. 假设 fade()函数在 JS 脚本内已经定义，如果希望每隔一秒调用该函数一次，应在
 ＜Script＞标记后加上一条 JS 命令_____。

 A. setInterval(" fade()",1000);   B. setInterval(fade()," 1000 ");

 C. setTimeout(fade()," 1000 ");   D. setTimeout(" fade()"," 1000 ");

5. 下列不是浏览器对象模型中的二级对象的是_____。

 A. Document   B. Location   C. Form   D. Navigator

三、填空题

1. 在客户端脚本中，使用_____对象的 write()方法可以向页面输出信息。

2. 在客户端脚本中重新设置_____对象的 href 属性，会产生页面跳转。

3. 由 Window 对象提供并在页面中输出一个警告框的方法是_____。

4. 由 Window 对象提供并用于浏览者输入信息的方法是_____。

5. 在 JS 脚本中获取客户端浏览器名称的方法是_____。

实验 7 浏览器对象的基本应用

(http://www.wustwzx.com/webdesign/sy07.html)

一、实验目的

1. 掌握 Window 对象的两种定时器方法的使用；

2. 掌握 Location 对象的 href 属性的使用；

3. 掌握使用 History. back()方法实现页面返回的用法；

4. 掌握 Navigator 对象的主要属性；

5. 掌握带参数传递的函数调用方法；

6. 进一步巩固基于对象的设计方法。

二、实验内容及步骤

1. 实时显示时间(时—分—秒)。

【浏览效果】 在浏览器地址栏输入 http://www.wustwzx.com/webdesign/sj07-1a.html 或 http://www.wustwzx.com/webdesign/sj07-1b.html 后,浏览器窗口中将出现现在的时间并且连续变化。此外,窗口中还显示页面代码中使用哪一种定时器方法。

【设计要点】 分别保存页面代码并命名为 sj07-1a.html 和 sj07-1b.html 存放至站点根目录里,查看如下知识点的代码:

* 文本框定义及 Name 属性。

* 两种定时器方法在使用上的区别。

* 创建 JS 内置的日期对象的实例。

* 调用 Date 对象的相关方法获得"时—分—秒"并刷新页面中相应的文本框。

* 文档 sj07-1a.html 中函数内、外的 JS 代码的执行次数。

* OnLoad 事件。

2. 自动循环显示一组图像。

【浏览效果】 访问 http://www.wustwzx.com/webdesign/sj07-2.html,浏览器窗口中同一位置循环显示一组(共 4 张)图像。此外,窗口中还有设计思想的说明。

【设计要点】 分别保存页面代码并命名为 sj07-3a.html 和 sj07-3b.html 存放至站点根目录里,查看如下知识点的代码:

* JS 脚本创建 JS 内置的 Array 对象的实例,保存一组图像的 URL。数组的 Length 属性。

* 在页面中使用<Img>插入一幅图像,图像内容为第一幅图像,使用 Name 属性标识图像对象。

* 使用定时器方法并刷新图像对象的 Src 属性。

- 使用 if 语句并配合计数变量实现图像的循环显示。

3. 动态链接。

【浏览效果】 在浏览器地址栏输入 http://www. wustwzx. com/webdesign/sj07-3a. html 或 http://www. wustwzx. com/webdesign/sj07-3b. html 后,浏览器窗口中一个下拉列表框,用于浏览者选择要访问的网站。当鼠标失去焦点后,页面跳转至选择的网站。

【设计要点】 分别保存页面代码并命名为 sj07-3a. html 和 sj07-3b. html 存放至站点根目录里,查看如下知识点的代码:

- 创建两个基础数组:一个是网站名称数组,另一个是网站域名数组。
- 使用 JS 脚本创建页面中的下拉列表框,通过 Value 属性设置每一列表项的值及下拉列表对象的 OnBlur 事件。
- 文档 sj07-3a. html 中通过使用 selected 属性判定哪一个列表项被选中;文档 sj07-3b. html 中是带参数的函数调用,在定义下拉列表对象有 OnBlur 事件时使用 this. value 传值。

4. 历史对象 History 的 back()方法。

【浏览效果】 访问 http://www. wustwzx. com/webdesign/sj07-4. html,浏览器窗口中出现一个超链接,并有"将会返回本页面"的说明文字。单击超链接后,进入另一个页面 http://www. wustwzx. com/webdesign/sj07-4a. html,出现一个返回的命令按钮,单击"确定"后返回至先前的页面。

【设计要点】 分别保存页面代码并命名为 sj07-4. html 和 sj07-4a. html 存放至站点根目录里,在文档 sj07-4b. html 中使用 history. back()方法。

5. 浏览器对象 Navigator 的主要属性。

【浏览效果】 访问 http://www. wustwzx. com/webdesign/sj07-5. html,在浏览器窗口中显示浏览器的名称和版本信息。

三、实验小结及思考

(由学生填写,重点写上机中遇到的问题)

第 11 章　客户端脚本高级应用

CSS 样式用于定义页面元素的外观,在 JS 脚本中访问 CSS 样式的属性,就能动态地控制页面元素的外观。本章学习通过在脚本中访问图像的滤镜参数和层的 CSS 样式属性实现页面的动态效果,其要点如下:

- 在脚本中访问静态滤镜的参数;
- 在脚本中访问动态滤镜的参数;
- 在脚本中访问层的 CSS 样式属性。

11.1　在脚本中访问 CSS 样式属性

11.1.1　在脚本中访问 CSS 样式属性

假设某个页面元素通过 name 或 id 属性标识为 obid,则在 JS 脚本中访问某个 CSS 样式属性的方法是:

obid. style. CSS 样式属性名

其中,访问一般是在 JS 脚本对上面表达式重新赋值。例如,在页面中定义一幅图像:

<img src="jpg/girl1.jpg" name="xk" style="visibility:visible;">

若要将该图像隐藏,则应在 JS 脚本中使用如下的代码:

xk. style. visibility="hidden";

【例 11.1】　图像的显示控制。

【浏览效果】　单击命令按钮,隐藏图像;双击按钮,则显示图像。如图 11-1 所示。

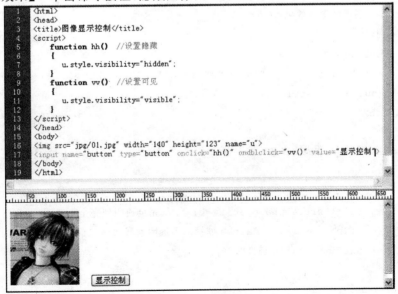

图 11-1　图像的显示控制

【设计思想】

- 定义图像对象时使用 name 或 id 属性,图像默认是可见的。
- 定义命令按钮及其 OnClick 事件和 OnDblClick 事件。
- 定义事件响应函数,设置图像的 CSS 样式属性—visibility(可见)。

注意:一个页面元素的 CSS 样式属性可能有多个,并且都有其默认值,在 JS 脚本中都是可以访问的(无论是否在 CSS 样式中定义该 CSS 属性)。

11.1.2 访问静态滤镜中的参数

滤镜分为静态滤镜和动态滤镜两类。静态滤镜在设置了相应的参数后,应用该滤镜的对象的效果就确定了。

我们知道,滤镜作为 CSS 普通样式的扩展,用于实现图像、空间文字等对象的特殊效果。在脚本中动态地改变滤镜参数,就能实现该对象更加特殊的效果。

特别地,在 JS 脚本中访问对象的滤镜中的某个参数的方法是:

图像名称.filters.滤镜名称.参数名称

其中,在滤镜名称前是 filters(不是 filter),与 CSS 样式定义时多了一个字母 s。

【例 11.2】 图像的渐变效果。

【浏览效果】 图像重复从模糊到清晰的过程。

【设计思想】

- 定义图像对象时使用 name 或 id 属性,使用 Alpha 滤镜。
- 启用 Window 对象的定时器方法。
- 事件代码中循环改变图像的 Alpha 滤镜中的不透明度参数 Opacity 的值。

【源代码】 访问 http://www.wustwzx.com/webdesign/sj08-1.html

```
<html>
<head>
<title> 图像的渐变效果</title>
</head>
<bodyOnLoad="fade()">
<img src="jpg/girl1.jpg"name="u"width="280"height="270"  style="filter:
alpha(opacity=0,style=2)">
<script>
var b=0;
function fade()//声明函数
{
        b++;
        u.filters.alpha.opacity=b;    //从完全透明到完全不透明
        if(b>100) b=0;   //alpha 滤镜的不透明参数 opacity 的取值范围为 0~100
        setTimeout("fade()",80);
}
</script>
```

```
    </body>
    </html>
```

11.1.3　访问动态滤镜中的参数

　　动态滤镜与静态滤镜不同的是，它还要使用脚本来控制它的状态，从而使用滤镜能够响应一定的行为。前面学习了利用 RevealTrans 滤镜设置链接页面进入或离开时的转换效果，现在介绍对图像的转换效果。图 11-2 所示的两幅图像是原图像和图像转换时的对照。

　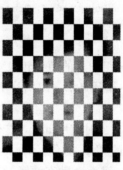

(a) 原图像　　　　　　　　(b) 图像转换时效果截图

图 11-2　原图像及转换时的效果

【例 11.3】　一幅图像的随机转换效果。

【浏览效果】　循环显示一张图片不同的随机转换效果。

【设计思想】

- 定义图像对象时使用 name 或 id 属性。
- 在转换效果前先隐藏图像。
- 使用 RevealTrans 动态滤镜：先 apply() 方法后 play() 方法。
- Window 对象的定时器方法实现循环转换。

【源代码】　访问 http://www.wustwzx.com/webdesign/sj08-2.html。

```
    <html>
      <head>
          <title> 使用 RevealTrans 滤镜实现图片显示的特殊效果</title>
      <head>
    <script>
    function txxs()    //定义特效显示函数
    {
        xk.filters.revealTrans.Transition=23;      //设置滤镜参数
        xk.filters.revealTrans.apply();    //应用本滤镜前的预备
        xk.style.visibility="visible";   //设置可见
        xk.filters.revealTrans.play();    //应用转换效果
        setTimeout("hh()",7000);          //7秒钟后隐藏
```

```
    setTimeout("txxs()",7000);        //特效显示,递归调用实现循环显示
}
function hh()
{
    xk.style.visibility="hidden";   //访问内联样式的 CSS 属性
}
</script></head>
<body  onLoad="txxs()">
<img src="jpg/吴志祥.jpg"name="xk"style="visibility:hidden;Filter:
revealTrans(Duration=4, Transition=23);">
</body>
</html>
```

【例 11.4】 一组图像的随机转换效果。

【浏览效果】 循环显示一组图片不同的随机转换效果。

【设计思想】

- 定义图像对象时使用 name 或 id 属性。
- 建立图像的 URL 数组。
- 使用 RevealTrans 动态滤镜:先 apply()方法后 play()方法。
- Window 对象的定时器方法实现对一组图片的循环转换。

【源代码】 访问 http://www.wustwzx.com/webdesign/sj08-3.html。

```
<html>
<head>
    <title> 使用 RevealTrans 滤镜实现图片显示的特殊效果</title>
<head>
<script>
var tp=new Array(4);  //定义共有 4 张图片的数组对象
k=0;  //图片序号
tp[0]="jpg/apples.jpg";
tp[1]="jpg/girl1.jpg";
tp[2]="jpg/girl2.jpg";
tp[3]="jpg/裴涩琪 2.jpg";
function txxs()   //特效显示函数
{
    xk.filters.revealTrans.Transition=23;     //设置滤镜参数
    k++;  //下一幅
    if(k==tp.length)k=0;  //循环显示
    xk.src=tp[k];
    xk.filters.revealTrans.apply();  //应用本滤镜前的预备
    xk.filters.revealTrans.play();  //应用转换效果
    setTimeout("txxs()",5000);     //递归调用实现循环显示
}
```

```
</script>
</head>
<body  onLoad="txxs()">
<img src="jpg/apples.jpg" name="xk" width="200" height="200" style=
"Filter:revealTrans(Duration=4, Transition=23);">
</body>
</html>
```

*11.2　在脚本中访问层的位置属性

　　层作为一种特别的网页元素,是通过 CSS 样式定义层的位置、高度和宽度等属性。因此,在 JS 脚本中访问层的某些 CSS 样式属性,也可以实现一些特殊的效果。

　　网站访问时,常常会遇到浮在页面上移动的广告,这种效果主要是在 JS 脚本中通过有规律地改变层的位置属性值实现的。

　　【例 11.5】　浮动广告制作。

　　【浏览效果】　含有内容的层对象在页面中按照一定的规律不停地移动。层的初始位置位于屏幕左上角,然后按 45°的方向向下及右两个方向移动。

　　【设计思想】

● 　层对象的建立:绝对定位使用 Left 和 Top 两个 CSS 样式属性,大小定义使用 Width 及 Height 两个 CSS 样式属性。

● 　<div>没有 name 属性,标识层对象应使用 id 属性,这如同<bgsound>标记。

● 　定时并按一定的规律改变层的位置。

　　【源代码】　访问 http://www.wustwzx.com/webdesign/sj08-4.html。

```
<html>
<head>
<title> 浮动广告</title>
<style type="text/css">
    body {background-image:url(jpg/bg1.jpg);}
</style>
</head>
    <body>
    <DIV  id="ly"  style="left:127px;top:57px;width:130;height:105;
    position:absolute;">
    <img src="gif 动画/女双胞胎动画.gif"  width=130 height=105></DIV>
    <!--<div> 没有 name 属性,应使用 id 属性-->
    <Script>
    var delay=30;//定时器的时间间隔
    var xPos=0;     //层当前位置坐标
    var yPos=0;
    var ym=1;   //层可以向下移动
```

```
var xm=1;   //层可以向右移动
var step=2;       //层在水平和垂直方向上的移动步长,45度方向移动
var width=document.body.clientWidth;   //浏览器窗口的宽度
var height=document.body.clientHeight;   //浏览器窗口的高度
var Hoffset=ly.offsetHeight;//层的高度
var Woffset=ly.offsetWidth;   //层的宽度
//以上变量是在下面的函数外定义的外部变量
setInterval('changePos()',delay);         //启用定时器
function changePos()
    {
        //以下是对纵坐标的控制
        if (ym) //层可以向下
            yPos=yPos+step;
        else
            yPos=yPos-step;
        if(yPos<0)   //修正由于向上移动时 yPos 出现负值的情形
        {
            ym=1;
            yPos=0;
            //可用 alert();可测试层到顶
        }
        if(yPos> = (height-Hoffset))//防止显示不完整,因为 yPos 取值范围为
[0,height-Hoffset]
        {
            ym=0;
            yPos= (height-Hoffset);
        }

        //以下是对横坐标的控制
        if(xm)
        {
            xPos=xPos+step;
        }
        else
        {
            xPos=xPos-step;
        }
        if(xPos<0)
        {
            xm=1;
            xPos=0;
        }
```

```
        if(xPos>=(width-Woffset))
        {
            xm=0;
            xPos=(width-Woffset);
        }
        ly.style.left=xPos+document.body.scrollLeft;    //将层定位新的坐标,
实现层的移动
        ly.style.top=yPos+document.body.scrollTop;
}
</Script>
</body>
</html>
```

习　题　11

一、判断题

1. 在客户端脚本 JS 中,可以访问层对象的位置属性。

2. 在 CSS 样式中使用的属性也就是 HTML 标记的属性。

3. 在 JS 脚本中,访问滤镜参数与访问一般元素的某个属性,其方法完全相同。

4. 在 JS 脚本中,只能访问 CSS 样式中定义了的 CSS 样式属性。

5. 为了在 JS 内部脚本中访问页面元素的某个属性,需要在定义该元素时使用 id 或 name 属性进行标识。

二、选择题

1. 在 JS 脚本中,访问图像对象的滤镜时,对字母大小写敏感的是_____。
   A. filters　　　　　B. 滤镜名称　　　　C. 滤镜参数　　　　D. 都不敏感

2. 在脚本中访问某个应用了 Alpha 滤镜的图像(假设图像命名为 u)的 Opacity 参数的方法是_____。
   A. u. filters. Alpha. Opacity　　　　　　B. u. Alpha. Opacity
   C. filters. Alpha. Opacity　　　　　　　D. u. filters. Opacity

3. 下列 HTML 标记中,只能使用 id 属性标识 HTML 元素(对象)的是_____。
   A. Img　　　　　B. Table　　　　C. Div　　　　D. Input

三、填空题

1. 使用 RevealTrans 滤镜转换图像时,需先使用_____方法,然后使用 play( )方法。

2. 隐藏页面中的图像对象,在 JS 脚本中要设置该对象 CSS 样式属性_____的值为" hidden"。

3. 使用 RevealTrans 滤镜以不同的方式转换图像,则需要在 JS 脚本中重新设置该滤镜的_____参数值。

4. CSS 滤镜可分为静态滤镜和_____滤镜。

实验 8　客户端脚本的高级应用

（http：//www.wustwzx.com/webdesign/sy08.html）

一、实验目的

1. 掌握在脚本中访问 CSS 滤镜参数的方法；
2. 掌握 CSS 动态滤镜 RevealTrans 的使用方法；
3. 掌握在脚本中访问层对象属性的方法；
4. 进一步巩固基于对象的设计方法。

二、实验内容及步骤

1. 图像渐变。

【浏览效果】　访问 http：//www.wustwzx.com/webdesign/sj08-1.html，在浏览器窗口中出现一幅图像，从模糊到清晰渐变，并且循环出现这个过程。

【设计要点】　保存页面代码并命名 sj08-1.html 存放至站点根目录里，查看如下知识点的代码：

- 使用 <img> 标记在页面中定义一幅图像，并使用 id 属性标识图像对象。
- 对图像对象使用内联 CSS 样式，其中 CSS 样式为 Alpha 滤镜。
- 在脚本中访问图像应用的 Alpha 滤镜的参数。

2. 一幅图像 RevealTrans 滤镜的多种转换效果。

【浏览效果】　访问 http：//www.wustwzx.com/webdesign/sj08-2.html，在浏览器窗口中出现本书作者的个人照片，并且以不同的转换效果循环显示。

【设计要点】　保存页面代码并命名 sj08-2.html 存放至站点根目录里，查看如下知识点的代码：

- 动态滤镜 RevealTrans 的使用。
- 图像的显示/隐藏属性—visiblity。
- 图像转换需要使用的两个方法。
- Window 对象提供的定时器方法。

3. 一组图像 RevealTrans 滤镜的多种转换效果。

【浏览效果】　访问 http：//www.wustwzx.com/webdesign/sj08-3.html，在浏览器窗口中循环显示一组图像，每个图像每次出现时都使用了动态滤镜 RevealTrans 进行效果转换。

【设计要点】　保存页面代码并命名 sj08-3.html 存放至站点根目录里，查看如下知识点的代码：

- 定义一组图像的 URL 数组。
- 在显示下一幅图像时，不必隐藏当前图像（因为是不同的图像）。

* 4. 页面中的浮动广告。

【浏览效果】 访问 http://www.wustwzx.com/webdesign/sj08-4.html,在浏览器窗口出现一个浮在页面上移动的双胞胎动画。

【设计要点】 保存页面代码并命名 sj08-4.html 存放至站点根目录里,查看如下知识点的代码:

- 层的定义。
- 按一定的规律移动层。
- 脚本的位置与以前有所不同,只能出现在页面主体部分层定义标记之后,如果将脚本代码移动到文档头部,层就不能移动。

三、实验小结及思考

(由学生填写,重点写上机中遇到的问题)

下篇　服务器脚本与动态网页开发

本篇共分 5 章。首先介绍了 IIS 网站服务器的建立和 IIS 网站的设置及在 Dreamweaver 中调试 ASP 动态网页的方法,然后介绍 ASP 内置对象的使用、ADO 组件在开发数据库网页和文件上传方面的应用,最后介绍网站建设与管理。各章具体内容如下。

- **IIS 服务器与动态网页**
- **VBScript 脚本语言**
- **ASP 内置对象与动态网页开发**
- **ADO 组件及其应用**
- 网站建设与管理

第 12 章　IIS 服务器与动态网页

IIS 是 Internet Information Server 的缩写，表示 Internet 信息服务，也是 Windows 的一个组件。ASP 是 Active Server Pages 的英文缩写，直译为活动的服务器网页，通常指微软公司开发的一种服务端的脚本语言环境。ASP 网页运行需要 IIS 服务器支持。本章学习要点如下：

- 动态网页的概念；
- 服务器端脚本环境；
- ASP 动态网页与 IIS 服务器；
- 在 Dreamweaver 中调试 ASP 动态网页。

12.1　动态网页

12.1.1　动态网页概述

动态网站中的动态网页包含了只能在服务器端执行的代码包，需要在 Web 服务器上执行，执行结果产生标准的 HTML 代码，再传到用户端浏览器。从服务器传回到客户端的代码不是原始的代码，因此程序具有保密性。动态网站中的动态网页的执行过程如图 12-1 所示。

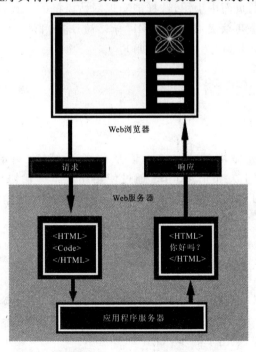

图 12-1　动态网站中的动态网页的执行过程

12.1.2 ASP 动态网页

ASP 网页以 asp 作为扩展名,与普通 HTML 文档相比,可以包含只能在服务器端解释执行的脚本代码且包含在<％及％>内,还可以使用＃include 语句嵌入其他的动态Web 页,ASP 以 VBScript 作为默认的脚本语言。ASP 动态网页具有如下的特性:

- 具有动态和交互特性;
- ASP 网页中的服务器代码具有保密性;
- 大多数动态网页以数据库技术为基础,可以大大降低网站维护的工作量。

注意:含有数据库访问的网页一定是动态网页,但有些动态网页可能没有包含数据库访问,参见第 14 章。

ASP 提供了访问数据库的组件,ASP 一般使用的是 ACCESS 数据库;ASP. NET 一般使用的是 SQL Server 数据库;PHP 一般使用的是 MY SQL 数据库。

12.1.3 在 ASP 动态网页中使用文件包含命令

在 ASP 中,通过使用＃Include 语句可以将一个 ASP 文件包含到当前的页面中,其用法格式如下:

<！--＃Include File="文件名. asp "-->

通常,将通用的程序段独立出来,作为一个 ASP 文件,在需要时再将其包含到网页中,避免代码的重复书写。

本方法也适用于对主页面的分块构造,例如,将主页面分为头部、主体和底部三个部分,其中头部和底部通常是不变的,也是网站中其他页面共有的,将它们单独设计为 ASP文件,然后在需要引用的页面中引用,这样能实现网站风格的一致,还能做到一改全改。

注意:上述文件包含用法是使用 HTML 标记的注释用法,在 DW 中显示时是灰色的,显然它不是常规的注释(因为它会起作用)。

12.2 建立 IIS 服务器

12.2.1 IIS 概述

IIS 是 Microsoft 所提供的 Internet 信息服务系统,允许在公共的 Intranet 或Internet 的 Web 服务器上发布信息。IIS 通过使用超文本传输协议(HTTP)传输信息,还可以配置 IIS 提供 FTP(文件传输)服务和 SMTP(简单邮件传输协议)服务。

12.2.2 IIS 的安装

在 Windows XP 操作系统下安装 IIS 步骤如下。

(1) 插入 Windows 安装光盘。

(2) 选择"开始"→"控制面板"→"添加/删除程序"对话框,在添加或删除程序窗口左边点击"添加/删除 Windows 组件",稍等片刻系统会启动 Windows 组件向导,在 Internet信息服务(IIS)前面选勾,点击下一步,如图 12-2 所示。

(3) 安装完成后出现"完成"对话框,单击"完成"按钮即完成整个安装过程。

图 12-2　"添加或删除程序"对话框

注意：

● 安装完成后，再回到"Window 组件"对话框，可以看到"Internet 信息服务（IIS）"选项被勾选，说明已安装好 IIS。

● 在没有 Windows 安装光盘的情况下，通常从网上下载 IIS 组件按上面方法进行安装，只不过是安装文件的路径不再是光盘。

12.2.3　配置 IIS 服务器

IIS 安装完成后会自动创建一个默认的 Web 网站，用户可以对其进行配置和管理，其操作步骤如下。

（1）指向桌面上的"我的电脑"右键单击，在出现的快捷菜单里，选择"管理"，出现计算机管理对话框。展开左侧的"Internet 信息服务"目录，如图 12-3 所示。

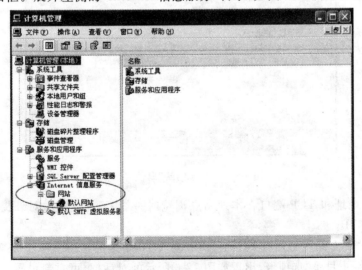

图 12-3　"计算机管理"对话框

（2）鼠标指向"默认网站"右键单击，在出现的快捷菜单中选择"属性"（如图 12-4 所示）后，出现如图 12-5 所示的"默认网站属性"对话框。

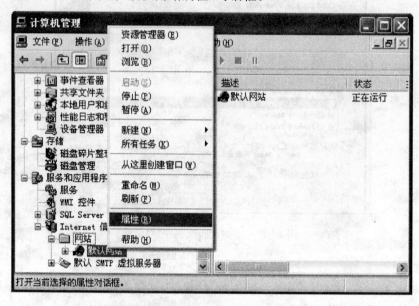

图 12-4　在"计算机管理"中选择"属性"菜单

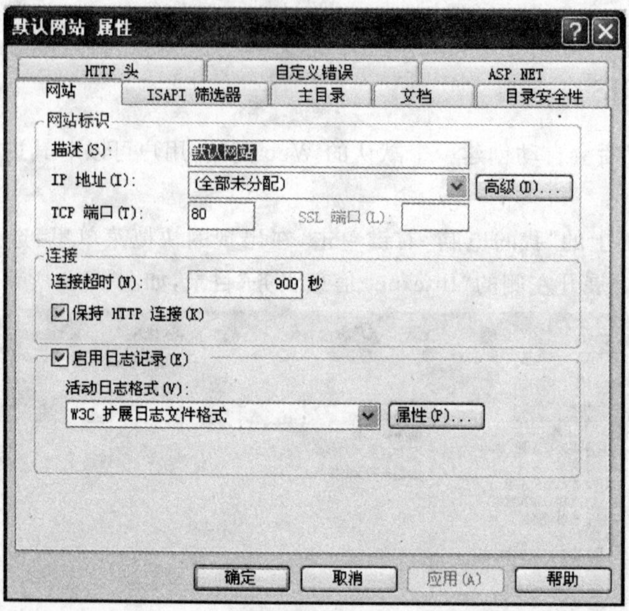

图 12-5　"默认网站"属性对话框

其中，IP 地址和 TCP 端口在本地站点浏览时一般不需要修改，对外提供 Web 服务时才需要设置 IP。

（3）每个 Web 站点必须有一个主目录，对 Web 站点的访问实际上是对站点主目录的访问。选择"主目录"选项卡，出现如图 12-6 所示的对话框，可重新设置 Web 站点主目

录(IIS 安装时默认的主目录为 C:\Inetpub\wwwroot)。在 DW 中调试 ASP 网页时,需
要重新设定主目录。

图 12-6　"默认网站"属性对话框之"主目录"选项卡

　　(4) 设置网站主页。访问网站,实际上是访问其主页。选择"文档"选项卡,出现如图
12-7 所示的对话框,可设置网站默认主页,且可设置多个,顺序从上往下。

图 12-7　"文档"选项卡

12.2.4 创建 IIS 虚拟目录

虚拟目录用于除了默认网站主目录以外的其他站点的发布。对于客户端用户而言，虚拟目录就像位于主目录一样，但物理上可能并不包含在主目录中。创建 IIS 虚拟目录的一般步骤如下。

（1）在"计算机管理"对话框中，右键单击"默认网站"，在出现的快捷菜单中选择"新建"→"虚拟目录"（如图 12-8 所示），出现"虚拟目录创建向导"对话框，如图 12-9 所示。

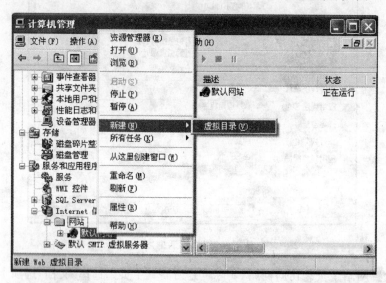

图 12-8 "新建"虚拟目录对话框

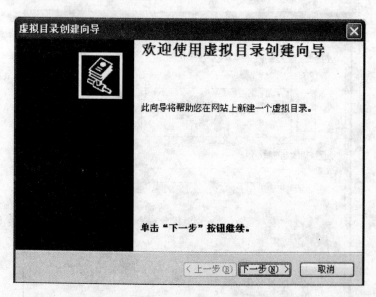

图 12-9 创建"虚拟目录"时的欢迎界面

单击"下一步"按钮，出现如图 12-10 所示的对话框。

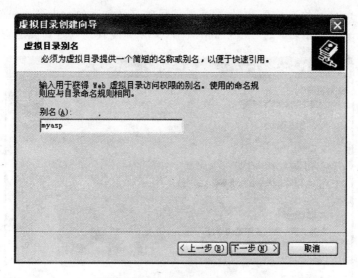

图 12-10　"虚拟目录别名"对话框

输入别名(如 myasp),单击"下一步",出现如图 12-11 所示的对话框,单击"浏览"选择一个文件夹作为虚拟目录的实际文件夹,例如选择文件夹 E:\myweb。

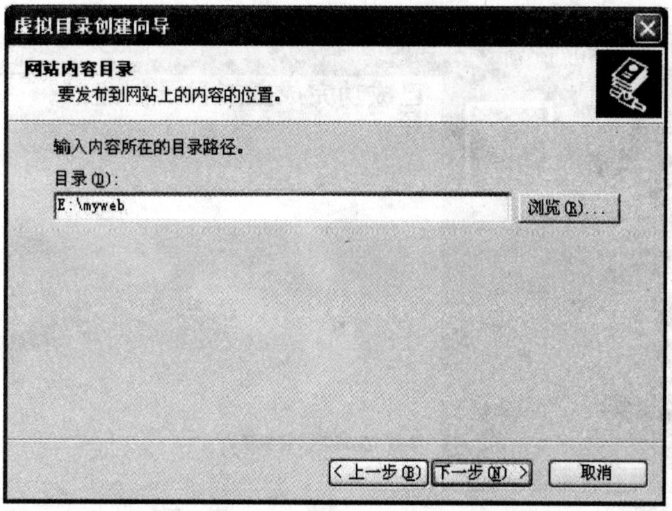

图 12-11　"网站内容目录"对话框

单击"下一步",出现如图 12-12 所示对话框,设置虚拟目录访问权限,一般勾选"读取"和"运行脚本"即可。

单击"下一步"按钮后,即出现如图 12-13 所示的对话框。

注意:创建虚拟目录后,通过 URL 访问 asp 页面时应该使用虚拟目录别名,而不是实际目录。例如,若在虚拟目录 myasp 对应的 e:\myweb 文件夹下有一个 index.asp 网页文件,使用 http://localhost/myasp/index.asp 访问它,而不是使用物理路径访问。当用户在浏览器输入 http://localhost/myasp/index.asp 访问时,本地主机的 IIS 首先查找是否存在别名为 myasp 的虚拟目录,如果有则访问对应目录下的 index.asp 页面,如果没有该虚拟目录则访问主目录下的 index.asp 页面,文件如没找到则返回错误信息。

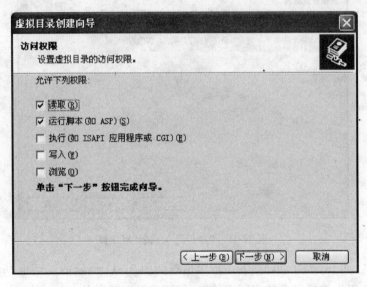

图 12-12　虚拟目录的"访问权限"对话框

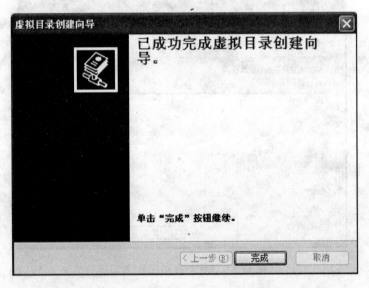

图 12-13　新建虚拟目录完成界面

12.3　在 Dreamweaver 中调试 ASP 动态网页

12.3.1　设置 ASP 网页在 Dreamweaver 中的运行环境

安装了 IIS 后,要想在 DW 中编辑 ASP 动态网页时,能像 HTML 静态网页一样,按 F12 就能浏览页面,需要同时设置 IIS 默认网站和 DW 站点,分如下两步完成。

（1）将 IIS 默认网站的站点目录设置为 DW 站点的目录。在"默认网站"的属性对话框中，设置本地路径为 DW 站点的根目录，如图 12-14 所示。

图 12-14　更改默认网站默认的路径

（2）设置 DW 站点的测试服务器。在 DW 的"站点定义"对话框中（对于已经建立的站点可再编辑），选择"高级"选项，再选择"测试服务器"并作如下设置（如图 12-15 所示）。

- 设置"服务器模型"为"ASP VBScript"。
- 设置"访问"为"本地"。

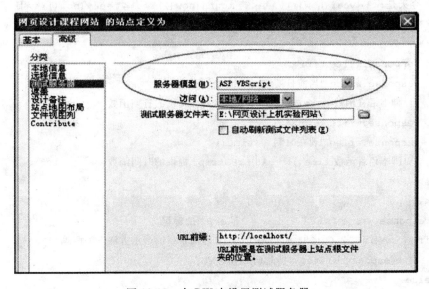

图 12-15　在 DW 中设置测试服务器

12.3.2 一个 ASP 动态网页示例

【浏览效果】 访问 http://www. wustwzx. com/webdesign/sj09. asp,在浏览器的窗口中分四行显示当前的日期、星期、时间及相应的问候语,如图 12-16 所示。

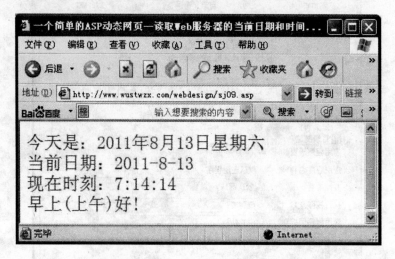

图 12-16 ASP 示例网页的浏览效果

【源代码】 访问 http://www. wustwzx. com/webdesign/sy09. html,可以下载源代码。

```
<%@LANGUAGE="VBSCRIPT"%>
<html>
<head>
    <title>一个简单的 ASP 动态网页——读取 Web 服务器的当前日期和时间</title>
<body>
  今天是:<%=year(now())%>年<%=month(now())%>月<%=day(now())%>日
<%=weekdayname(weekday(now()))%>
<%
response.write "<br>"
response.write "当前日期:"&date()
    '脚本语言函数 date()——ASP VBScript 提供的日期函数
response.write "<br>"
response.write "现在时刻:"&time()
    '脚本语言函数 time()——ASP VBScript 提供的时间函数
%>
<%
response.write "<br> "          '输出 HTML 标记
if  time()<#12:00:00#  then  '注意时间常量的表示方法——两端加"#"号
    response.write  "早上(上午)好!"
else
    if Time<#19:00:00# then
```

```
        response.write　"(中午)下午好!"
    else
        response.write　"晚上好!"
    end if
end if
%>
</body>
</html>
```

注意:

- 脚本语言 VBScript 将在第 13 章中介绍。

- Response 是 ASP 内置的对象,write 是它的一个方法,参见第 14 章。

- 网页的第一行的作用是指定 IIS 服务器所使用的脚本引擎,它是可以去掉的,因为 VBScript 是 IIS 服务器默认采用的脚本引擎。

- 在不同的时间访问本示例网页,其页面效果是不同的。并且,页面中显示的时间不是客户端计算机的时间,而是作为 Web 服务器的计算机的时间(在中篇 JS 脚本的学习中,利用 Date 对象获得的时间是客户端计算机的时间)。

习 题 12

一、判断题（正确用"A"表示，错误用"B"表示）

1. 动态网页只能由服务器端脚本代码组成，而不能含有 HTML 标记和客户端脚本。

2. 网站服务器中的 ASP 网页中的服务器端代码不会直接传送到客户端。

3. 动态网页都包含有对数据库的访问。

4. Windows 的 IIS 组件提供了 ASP 动态网页的运行环境。

5. 文件包含用法作为一种特殊的 HTML 注释方式。

二、选择题

1. IIS 服务器默认的脚本语言是_____。
   A. JavaScript   B. Java   C. VB   D. VBScript

2. 查看一台计算机是否安装了 IIS，应打开 Windows 的_____窗口。
   A. 我的电脑   B. 控制面板   C. 计算机管理   D. 网络连接

3. Web 服务器的概念主要是指_____。
   A. 提供 Web 服务的计算机   B. 辅助信息处理计算机
   C. 提供 Web 服务的程序   D. 提供 Web 服务的公司

4. 下列关于 IIS 的说法中，不正确的是_____。
   A. IIS 安装完成之后，会自动创建一个默认的 Web 网站。
   B. IIS 是 Windows 的一个备选组件。
   C. 浏览（运行）ASP 网页需要 IIS 环境支撑。
   D. 安装了 IIS 后，不能停止 IIS 服务器的工作。

5. 下列说法中，不正确的是_____。
   A. 访问 ASP 动态网页时，客户不能获得其服务器代码。
   B. 在客户端访问 ASP 动态网页时，客户可以获得其服务器代码。
   C. 包含有服务器端代码的网页不能以 .html 作为扩展名。
   D. ASP 动态网页必须在站点中浏览。

三、填空题

1. 要浏览存放在 U 盘上的 ASP 动态网页，可通过新建 IIS 默认网站的_____目录实现。

2. ASP VBScript 动态网页中的服务器代码一般使用_____包围起来。

3. 为了在本机 DW 站点中浏览某个 ASP 网页，除了要在 DW 站点中设置服务器端的脚本引擎外，还需要在 IIS 默认网站的属性对话框中设置_____选项。

4. 安装 IIS 后，其默认网站的站点根目录通常为_____。

5. 在 DW 中编辑一个已经存在的站点，需要使用 DW 的_____菜单。

实验 9　动态网站建设与动态网页开发环境

(http://www.wustwzx.com/webdesign/sy09.html)

一、实验目的

1. 理解动态 ASP 网页与静态 HTML 网页的区别；
2. 掌握 IIS 默认网站的作用、属性设置和访问方法；
3. 掌握 IIS 服务器的停止和运行方法；
4. 掌握创建默认网站的虚拟目录实现浏览 ASP 网页的方法；
5. 掌握通过设置 IIS 默认网站实现在 DW 中浏览 ASP 网页的方法。

二、实验内容及步骤

【预备】　访问 http://www.wustwzx.com/webdesign/sy09.html，下载源代码压缩包
SY09.ZIP 并解压至 DW 站点根目录里，此时出现一个名为 sy09 的文件夹。

1. 认识 IIS 组件。

【操作方法】　右键"我的电脑"→"管理"→展开"服务和应用程序"，若出现
"Internet 信息服务"，则表明本机已经安装了 IIS 组件。

2. 认识默认网站。

【操作方法】

- 右键"我的电脑"→"管理"→展开"服务和应用程序"→展开"Internet 信息服务"→展开"网站"，即可出现"默认网站"。
- 右键"默认网站"→"浏览"，即可浏览该站点设定的首(主)页。
- 右键"默认网站"→"属性"，在出现的属性对话框中，选择"主目录"选项，可以看到"本地路径"为:c:\inetpub\wwwroot；若选择"文档"，可以看到刚才浏览的 ASP 文档 iisstart.asp。
- 右键"默认网站"→"停止"，即可停止 IIS 服务器的工作。此时，不能浏览该网站。
- 右键"默认网站"→"启动"，则又能浏览默认网站。
- 右键站点目录里的 ASP 文档 iisstart.asp，选择"浏览"，即可打开该文档对应的页面。

3. 利用新建虚拟目录方法浏览指定目录里的 ASP 网页。

【操作方法】

- 在"计算机管理"窗口中，右键单击"默认网站"→"新建"→"虚拟目录"→……根据向导将 DW 站点根目录中的文件夹 SY09 作为默认网站的虚拟目录。
- 在默认网站的目录里，双击虚拟目录 sy09，右键单击文档"sj09.asp"→浏览，即可浏览相应的页面。

4. 设置/更改网站的主页。

【操作方法】

- 将文件 sj09.asp 复制到 IIS 默认站点目录(c:\inetpub\wwwroot)里。
- 在默认网站属性对话框中选择"文档"选项,将默认网站的文档(主页)设置为 sj09.asp。
- 右键"默认网站"→"浏览"或在浏览器地址栏里输入 localhost 并回车,会观察到默认网站主页内容的变化。

5. 在 DW 站点中浏览 ASP 网页。

【操作方法】

(1) 打开默认网站的属性对话框,然后进行如下设置。

- 选择"主目录"选项,设置"本地路径"为 DW 站点的根目录;
- 选择"网站"选项,设置"IP 地址"为"全部未分配"或输入"127.0.0.1"。

(2) 设置 DW 站点的测试服务器。

选择 DW 的"站点"菜单→管理站点→编辑→选择"高级"选项卡,此时出现对话框。在"分类"列表中,选择"测试服务器"。

- 设置"服务器模型"为"ASP VBscript";
- 设置"访问"类型为"本地/网络"。

(3) 打开 DW 站点中 SY09 文件夹下的文档 sj09.asp,按 F12 即可正常浏览。

6. 通过 IP 地址访问网站。

【操作方法】

- 开始→程序→运行,输入命令"cmd",即可进入命令符方式。输入命令:ipconfig,将会查看到本机实际的 IP 地址(四个以小数点分隔的十进制数),然后写在纸上。
- 打开浏览器,在地址栏里输入刚记录的 IP 地址或"localhost"或"127.0.0.1"并回车,即可访问默认网站。
- 打开(局域网)另一台计算机的浏览器,在地址栏里输入刚才记录的 IP 地址,也可访问刚才建立的网站。

注意:若在默认网站属性对话框中选择"网站"选项并设置了本机的 IP 地址,则在 DW 环境里不能浏览 ASP 网页!

三、实验小结及思考

(由学生填写,重点写上机中遇到的问题)

第 13 章 VBScript 脚本语言

VB 是 Visual Basic 的英文缩写,是一种编程语言。VBScript(以下简称为 VBS)是 Visual Basic 的一个子集,即是具有 VB 编程语言特色的脚本语言。VBS 作为 ASP 动态网页默认使用的脚本语言,是 ASP 动态网页开发的基础。本章学习要点如下:

- VBS 的常量、运算符、赋值语句;
- VBS 的函数;
- VBS 的流程控制语句。

13.1 概述

VBS 脚本语言是程序设计语言 Visual Basic 的一个子集,它作为 ASP 网页默认的脚本引擎,功能与客户端脚本 JS 类似,但语法规则有区别。

行尾以西文的单撇号打头,即实现单行注释。

13.2 常量、变量、运算符

13.2.1 常量

1. 字符串常量

字符串常量简称字符串,使用一对西文的双撇号括起来。例如:"ASP 程序设计"。

注意:不能使用一对单撇号来表示字符串,这不同于 JS 脚本语言,因为 VBS 中单撇号作为程序注释的前缀。

2. 日期常量

使用两个"#"把日期括起来。例如:#2011-7-25#。

3. 时间常量

也是使用两个"#"把时间括起来。例如:#11:52:10#。

4. 逻辑常量

True 是逻辑常量,表示真;False 表示假。

13.2.2 变量及其申明

变量用来保存处理数据的初值、中间值或最终结果。在 VBScript 中,变量命名一般是字母、数字的组合,应遵循如下规则。

- 变量名以字母开头。

- 变量名尽量采用英文单词或拼音字母缩写,以便见名思义。
- 变量名不能与 VBS 的保留字相同。
- 变量名中不能含有运算符,不超过 255 个字符。

在 VBS 中,变量申明使用关键字 dim。例如,申明变量 a 的格式是:dim a

注意:

- 通常可以省略变量申明,而直接使用变量。
- 在 VBS 中,一个动态对象创建的实例也用变量来保存(参见 13.4.2 节),这如同 JS 一样。

13.2.3　运算符

1. 算术运算符

加、减、乘、除分别用＋、－、＊、/表示,这与 JS 相同。

2. 关系运算符

用来判定数值的相等、不等、大于或小于等关系,如表 13-1 所示。

表 13-1　VBScript 运算符

名　称	关系运算符	说　明
相等	＝	仅当 A 和 B 相等时,A＝B 为 True 时才取值 True
大于(大于或等于)	＞(＞＝)	
小于(小于或等于)	＜(＜＝)	

3. 逻辑运算符

逻辑运算符用于在选择结构和循环结构中的条件判断,逻辑表达式的结果只有 True 和 Flase 两种。常用的逻辑运算符如表 13-2 所示。

表 13-2　VBScript 运算符

名　称	运算符	说　明
逻辑与	And	A And B 仅当 A 及 B 为 True 时才取值 True
逻辑或	Or	
逻辑非	Not	

4. 连接运算符

连接运算符用于连接两个字符串,主要有 & 和＋。＋的使用与 & 一样,但当两端为数值时,＋实现加法的功能。

13.3　函数

VBS 内置的函数,是预先编写好的具有特定功能的程序段,设计者按名使用就行了,以提高编程效率。

13.3.1　日期函数

VBS 提供的日期函数如表 13-3 所示。

表 13-3　VBScript 提供的日期函数

函　数	功　能	说　明
Now	返回当前系统日期与时间	除了日期信息外,还包括时间信息
Date	返回当前系统日期	"年-月-日"形式,即 yyyy-mm-dd
Day()	返回日期的几号,取值 1～31	以日期作为参数
Month()	返回日期的月份,取值 1～12	以日期作为参数
Year()	返回日期的年份,为一个四位整数	以日期作为参数
WeekDay()	函数参数为日期;函数值为代表星期的数值,取值 1～7。其中 1-周日、2-周一、…7-周六	星期天是一个星期的第 1 天,星期六是第 7 天
WeekDayName()	返回星期的中文名,参数为 1～7	

13.3.2　时间函数

VBS 提供的时间函数如表 13-4 所示。

表 13-4　VBScript 提供的时间函数

函　数	功　能	说　明
Time	返回当前系统时间	"时:分:秒"形式,即 hh:mm:ss
Hour()	返回小时值,取值 0～23	
Minute()	返回分钟值,取值 0～59	
Second()	返回秒值,取值 0～59	

注意:now()是 date()和 time()的集合体。特别地,三个函数在使用时可以省略一对圆括号。

13.3.3　倒计时函数

返回将来某个时间与当前时间的差值,其单位可以是天、小时、分钟、秒等。用法格式如下:

$$DateDiff("interval", now(), 将来日期)$$

其中,将来日期是日期常量,例如♯2050-10-10♯,参数 interval 是差值的单位,取值如表 13-5 所示。

表 13-5　倒计时函数中的 interval 参数

interval	含　义	interval	含　义
d	天(日)	h	小时
m	月	n	分钟
yyyy	年	s	秒
ww	周		

13.3.4 字符串处理函数

字符串处理函数在制作网页时特别有用。例如,收集网页中输入的信息,检查输入的格式,都会使用处理字符串的相关函数。常用的字符串处理函数如表 13-6 所示。

表 13-6 常用的字符串处理函数

函　数	功　能
Len()	求字符串的长度
Left()	从左边截取字符串
Right()	从右边截取字符串
Mid()	从指定的位置截取字符串
Lcase()	将字符串中的所有字母变成小写
Ucase()	将字符串中的所有字母变成大写
Trim()	去除字符串两边的空格
InStr()	查找子字符串在原字符串中的位置
Space()	产生指定数目的空格字符组成的字符串

13.3.5 数据类型判定函数

VBS 提供了数据类型判定函数,这些函数的函数值均为逻辑值,即 True 或 False,常用的类型判定函数如表 13-7 所示。

表 13-7 常用的数据类型判定函数

函　数	功　能
IsNumeric()	变量或表达式的值是否为数值型
IsDate()	变量或表达式的值是否为日期或时间类型
IsNull()	变量值是否为空
IsObject()	判定变量是否为对象变量

13.4 赋值语句与 Set 语句

13.4.1 赋值语句

赋值语句是通过使用等号"＝"完成的。等号左边为变量名,右边为表达式,赋值语句的功能是先计算右边表达式的值,然后赋予左端的变量。例如:

$$a＝10$$
$$b＝a＋20$$

执行上面程序代码后,a＝10,b＝30。

在设计页面元素的动态效果时,通常在脚本中要修改页面中对象的属性值,就需要使用赋值语句。此时,等号左边就是"对象名称.属性名"。

注意:不能将变量申明与变量赋值合并为一条语句。例如下面语句是错误的:

Dim js＝0　'不能同时变量申明和赋值

13.4.2　Set 语句

将创建的动态对象的实例赋给变量,格式如下:

Set 变量名＝创建动态对象实例的方法表达式

释放对象的使用格式是:

set 对象变量＝Nothing

注意:

● 创建 ASP 动态对象实例的方法参见 14.6.1 节,不同于创建 JS 内置对象的实例(参见第 9 章)。

● 建立对象,需要占用一定的内存空间。

● 释放对象,将会释放该对象占用的内存空间。

13.5　流程控制语句

与 JS 脚本一样,程序结构也是只有三种,即顺序、选择和循环。下面分别介绍 VBScript 脚本的选择结构和循环结构。

13.5.1　选择结构

选择结构是由 if 条件语句和 Select Case 开关语句组成。

1. 条件语句 if

条件语句又可以分为简单条件和复合条件两种。简单条件语句用法如下:

```
if　条件表达式　then
    语句序列
end　if
```

复合条件语句的用法如下:

```
if　条件表达式　then
    语句序列 1;
else'表示反之
    语句序列 2;
end　if
```

注意:

(1) then、else 和 end if 是配合 if 使用的,起定界的作用。

(2) 在简单条件语句中,条件成立时要执行的语句只有一条,则可以省略 end if,即变成如下格式：

if 条件 then 语句

（3）if 条件语句同样可以嵌套，即 if 语句中又可以包含有 if 语句。

（4）代码使用缩进格式的书写方式便于阅读和理解。

2. 开关语句 Select Case

开关语句用于实现多种选择，相当于一个多路开关，其作用与 JS 脚本中的 switch 语句相同，具体格式如下：

```
Select case 表达式
    Case  值 1
        语句序列 1
    Case 值 2
        语句序列 2
    ……
End select
```

注意：

（1）Case 和 End Select 是配合 Select Case 使用的，起定界的作用。

（2）当表达式与某个值相等后，执行相应的语句序列，执行完毕后结束 Select Case 语句。

（3）代码书写时也要注意缩进格式。

13.5.2　循环结构

循环结构又有多种形式，本书只介绍常用的两种。

1. While 循环

While 循环也称当型循环，当条件成立时进入循环体并执行循环体的语句，执行到 Wend 时将返回到 While 语句，再次进行条件判断……直到条件不成立才终止循环，即流程转到 Wend 后（或者说，执行循环语句的后继语句）。While 循环语句格式如下：

```
While 条件
    ……（循环体语句组）
Wend
```

注意：

（1）While 与 Wend 成对出现。

（2）VBS 没有提供在循环体内强行中止循环并跳离循环体的命令。

2. For 计数循环

```
For 循环变量＝初始值 To 终值   Step 步长
    循环体语句组
    [if 条件 then exit for]
Next
```

注意：本循环可以使用 Exit For 语句实现跳离循环体，从而提前结束循环。

【例 13.1】　流程控制语句综合实例。

【效果描述】　在页面中显示服务器端的当前日期、时间和中文的星期，并根据时间的时段输出相应的问候语（如早上好等）。访问 http://www.wustwzx.com/webdesign/sj10-1.asp，效果如图 10-1 所示。

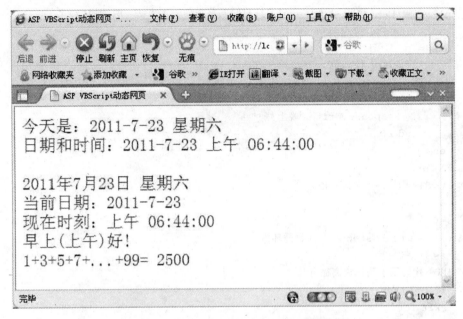

图 10-1　VBS 日期/时间函数与流程控制语句

【源代码】

```
<%@LANGUAGE="VBSCRIPT"%>
<html>
<head>
    <title>ASP VBScript 动态网页</title>
    <style type="text/css">
        body {font-size:24px;#color:#FF0000;}
    </style>
</head>
<body>
  今天是:<%Response.Write date()&" "&weekdayname(weekday(date))%><br>
  日期和时间:<%=now()%><br><br>
  <%=year(now())%>年<%=month(now())%>月<%=day(now())%>日<%=weekdayname
(weekday(date))%>
<!--上面服务器代码里的"="等价于 Response.Write-->
<!--weekday(date)与 weekday(now)等效-->
<!--使用日期与时间函数时,一对括号可省略-->
<%
  Response.Write "<br>"
```

```
Response.Write("当前日期:"&date())   '脚本语言—ASP VBS 提供的日期函数 date()
Response.Write "<br>"
Response.Write "现在时刻:"&time()   '脚本语言—ASP VBS 提供的时间函数 time()
%>
<%
Response.Write "<br>"
if time()<#12:00:00#  then   '注意时间常量的表示方法—两端加"#"号
     Response.Write "早上(上午)好!"
else
    if Time<#19:00:00#then
         Response.Write "(中午)下午好!"
    else
      Response.Write "晚上好!"
    end if
 end if
%><br>
1+<3+<5+<7+<...+<99=
<%dim s
s=0
for i=1 to 99 step 2   '计数循环
 s=s+< i
'以下代码用于测试跳离循环体
'if i=7 then
'exit for
'end if
Next            'Next 与 For 配套
Response.Write s%>
</body>
</html>
```

注意：

● 上面的服务器端脚本中的 Response.Write()，表示 ASP 的内置对象的 Write() 方法，实现从服务器端向客户端浏览器输出信息，参见 14.2.1 节。

● 去上面 for 循环内 if 语句开始的三条语句前的单撇号注释，则循环结束后 $s=1+3+5+7=16$，并不是 $s=1+3+5+7+\cdots+99=2\,500$，因为 exit for 语句的作用是跳出循环体，从而结束循环语句的执行。

● 使用 While 循环实现计算 $s=1+3+5+\cdots+99$ 并输出结果 VBS 代码如下：

```
<%
s=0
i=1
While i<=99
    s=s+i
    i=i+2
Wend
Response.Write "1+3+5+…+99="&s
%>
```

习 题 13

一、判断题（正确用"A"表示，错误用"B"表示）

1. VBS 作为 ASP 动态网页默认的脚本语言。

2. 引用 VBS 提供的函数，函数名称的字母大小写必须严格书写。

3. 脚本语言 VBS 与 JS 一样，也是有顺序、选择和循环三种程序结构。

4. 在 VBS 中，语句 Exit for 只能用于 For 循环的循环体内。

5. 在 VBS 中，end if 必须与 if 相配对。

6. 在 VBS 中，表示字符串需要一对单撇号。

二、选择题

1. 获得年份的正确用法是_____。

    A. Year()　　　　　B. Year(Now)　　　C. Year(Date)　　　D. B 和 C

2. 将字符串中的所有字母变成大写，应使用 VBS 提供的_____函数。

    A. Mid　　　　　　B. Ucase　　　　　C. Lcase　　　　　D. Max

3. 注释 VBS 脚本的方法是_____。

    A.'打头　　　　　 B.∥打头　　　　　C.使用/﹡和﹡/　　D."打头

4. 在 VBS 中，下列用法不正确的是_____。

    A. dim js　　　　　B. js＝5　　　　　 C. js＝js＋1　　　 D. dim js＝5

5. 从指定位置截取字符串，应使用_____函数。

    A. Right()　　　　 B. Left()　　　　　C. Mid()　　　　　D. Between()

三、填空题

1. VBS 脚本中，日期常量需要使用一对_____符号围起来。

2. VBS 脚本中获得当前分钟值，应使用函数_____(Time())。

3. 运算符 & 用于连接两个字符串，当连接的两端不是同为数值时，& 可用_____代替。

4. 计算今天距离 2022 年元旦还有多少天，应使用表达式 DateDiff("_____", Now, ♯2022-1-1♯)。

5. 在 VBS 中，命名创建的动态对象的实例，使用_____语句。

第 14 章 ASP 内置对象及其应用

IIS 服务器运行时提供了一些内置的对象,也称 ASP 内置对象。这些 ASP 内置对象不需要经过任何声明即可直接引用。利用这些 ASP 内置对象的属性和方法的内置对象,可以编写很多实用的动态网页,如网站在线人数统计、获取客户端的 IP 地址等。本章学习要点如下:

- 向客户端发送信息;
- 获取客户端信息;
- Cookie 信息的建立与使用;
- 存储某个用户会话期间的用户信息;
- 存储所有用户共享的信息。

14.1 ASP 内置对象概述

服务器与客户端的交互是通过使用 ASP 内置的一些对象的方法实现的。例如,获取客户端的信息要使用 Request 对象,向客户端输出信息要使用 Response 对象,等等。此外,ASP 还内置了一些提供辅助功能的对象,如 Server 对象。

ASP 还提供了一些特殊的对象,如 Session、Application 等。前者用于保存用户会话期间的用户信息,后者用于在不同的页面中共享信息。

14.2 Response 对象

Response 对象是动态网页设计时不可少的对象,它提供了向客户端输出信息的方法和使页面重定向方法。

14.2.1 输出方法 Write

Write 方法的功能是将指定的信息发送至客户端,即在客户端动态显示内容。用法格式如下:

Response. Write 字符串

或

Response. Write(字符串或变量)

- <%Response. Write 表达式%>可简写为<%=表达式%>。
- 字符串要使用一对双撇号括起来(但不能使用一对单撇号!)。
- 输出特别的字符串——HTML 标记。例如,访问数据库得到的数据要以表格的形式显示,就需要使用本方法混合输出 HTML 标记和通常的数据(参见 15.3 节)。

- 输出特别的字符串——客户端脚本。例如：

　　　　Response. Write "＜Script＞alert(' Hello! ') ;＜/script＞"

注意：在 alert()方法中使用一对单撇号表示字符串，此时不能使用双撇号。

14.2.2　重定向方法 Redirect

使浏览器立即重定向到程序指定的 URL，即实现了页面跳转，用法格式如下：

　　　　Response. Redirect "网址或网页"

- Response. Redirect 方法与 HTML 中的超级＜A＞标记的功能类似——页面跳转。本方法用于脚本中，可以灵活地指定目标网页；而＜body＞部分的＜A＞标记指定的目标网页是固定不变的。
- 做动态链接的另一种等效方法是输出客户端脚本并使用 location. href 属性：

Response. write "＜script＞location. href＝' http：//www. 265. com ';＜/script＞"

14.3　Request 对象

Request 对象用来获得来自客户端的信息，这些信息包括表单提交的数据、Cookie 信息、URL 上的参数值、用户浏览器的信息等。下面分别介绍 Request 对象的 3 种主要用法，即表单方法、查询字符串方法和获取环境变量方法。

14.3.1　表单方法 Form()

在＜form＞中，通过 action 属性定义表单处理的程序，该程序一般为一个. asp 文档，此文档在 Web 服务器端解释执行。当表单以 post 方式提交时，使用 Request 的 Form()方法获取，格式如下：

　　　　变量名＝Request. form("表单元素名")

当表单提交的多个元素同名时，这些元素便构成一个数组，但下标从 1 开始，第 i 个元素可表示为：

　　　　form("表单元素名")(i)

提交的数组元素个数的访问方法为：

　　　　form("表单元素名"). count

- 表单元素名需使用一对双撇号。
- 表单处理程序不一定能访问表单的所有元素。例如，数据在设计考试系统时，一组复选按钮可能是部分被选中，此时，表单处理程序只能访问这些选中的对象。
- Form()方法实现不同页面间的传值调用，与客户端脚本不一样。客户端脚本通常是访问本页面中的对象。
- 对于一组同名的复选框，Request. form("表单名")，即没有指定第 i 个元素，则能获得所有复选框选中的值，且这些值之间以英文逗号相隔。

【**例 14.1**】　动态链接。

【**浏览效果**】　访问 http：//www. wustwzx. com/webdesign/sj10-2. html，在表单内的

下拉列表框选择要访问的网站并提交后,则页面链接到目标网站的主页。

【设计要点】

- 下拉列表框提交给服务器的值在列表项标记<Option>中通过 Value 属性给出。
- 表单提交方法。
- Response.Write 方法。

【源代码】 访问 http://www.wustwzx.com/webdesign/sy10.html 可以下载源代码。

- 表单页面 sj10-2.html 源代码如下。

```html
<html>
<head>
    <title>动态链接</title>
</head>
<body>
  <form name="form1" method="post" action="sj10-2.asp">
        请选择要访问的网站:
        <SELECT name=select>
        <option value=1>百度搜索</option>
        <option value=2>武汉科技大学</option>
        <option value=3>吴志祥的教学网站</option>
        </SELECT>
        <input type="submit" value="提交">
  </form>
</body>
</html>
```

- 表单处理程序 Sj10-2.asp 源代码如下。

```html
<html>
<head>
    <title>ASP 对象与表单的综合运用</title>
</head>
<body>
<%
    xz=Request.Form("select")    '下拉列表名为 select,一对双撇号是必须的
    select case  xz    'VBScript 的开关语句
        case 1
            Response.Redirect "http://www.baidu.com"    '对浏览器重定向
        case 2
            'Response.Redirect "http://www.wust.edu.cn"
        case 3
            Response.Redirect "http://www.wustwzx.com"
    end select    '开关语句结束
%>
```

```
    </body>
    </html>
```

【例 14.2】　用户登录(含密码验证)。

【浏览效果】　访问 http://www.wustwzx.com/webdesign/sj10-3.html,服务器根据表单内输入的用户名和密码的正确与否,先给出相应的信息,然后进行相应的处理(跳转至不同的页面),效果如图 14-1 所示。

图 14-1　单击"确定"后跳转至不同的页面

【设计要点】

● 涉及录入信息的表单页面 sj10-3.html 和接收处理表单信息的动态网页 sj10-3.asp 共两个页面。

● 表单页面中的文本框和密码框都使用了 Name 属性。

● 表单处理页面中通过 Request.Form()方法获取这两个框内的值(对应于 Value 属性值),然后进行相应的处理。

● Response.Write 方法输出客户端脚本——先警告信息后页面重定向。

【源代码】　访问 http://www.wustwzx.com/webdesign/sy10.html 可以下载源代码。

● 表单页面 sj10-3.html 源代码如下。

```
<html>
<style type="text/css">
.S1{font-size:18px;
    font-weight:bold;}
.S2{font-size:smaller}
</style>
<head>
<title>用户登陆</title>
</head>
<body>
<form  method="post" action="sj10-3.asp">
<table width="100%" height="100%" border="0">
    <tr><td align="center" valign="middle"><! --外表格只有一行一列,宽度和高度
采用实际窗口宽度和高度的百分比形式,定义内表格左右和垂直居中-->
    <table width="297" height="162"  cellpadding="0" cellspacing="0"
bgcolor="#CECFFF" style="border:#339900 3px solid">
```

```
        <tr><td height="36"bgcolor="#339900" align="center"><span class
="S1">用户登录</span></td></tr>
        <tr><td width="291" height="35">    <span
class="S2">用户名:</span></span>
            <input type="text" name="user" size=22></td></tr>
        <tr><td height="34">    <span class="S2">密
  码:</span>
            <input type="password" name="pwd"  size=23/>
            </td></tr>
        <tr><td align="center">
            <input type="submit"  value="提交"/>  
            <input type="reset" value="重置"/>     </td></tr>
    </table></td>
  </tr>
</table>
</form>
</body>
</html>
```

- 表单处理程序 sj10-3. asp 源代码如下。

```
<%
'表单提交数据至服务器,只能以"post"方法,否则,程序运行出现逻辑错误!
'在表单页面中接受用户输入的表单元素是两个文本框:user 和 pwd
if request.form("user")="" then
    Response.Write "<script langage=javascript>alert('请输入用户名!');history.
back()</script>"
end if
if request.form("pwd")="" then
    Response.Write "<script langage=javascript>alert('请输入密码!');history.
back()</script>"
end if
if request.form("user")="admin" and request.form("pwd")="admin" then
    Response.Write"<script>alert('Password Right!');location='http://www.
wustwzx.com'</script>"
else
    Response.Write "<script> alert('User name or Password Error!');history.
back()</script>"
end if
%>
```

14.3.2 查询字符串方法 QueryString()

页面链接时,如果要传递数据,可使用 Request 对象的 QueryString 方法,以实现带参数的页面访问。

用法一:用来接收浏览器地址里面问号后面的值。

例如访问并输入参数

http://www.wustwzx.com/webdesign/sj11-2.asp?jb=6

则是对英语六级报名信息的查询,此时在请求的页面 sj11-2.asp 里含有接收语句:

jb=Request.QueryString("jb")

同样,可以查询四级的报名信息,而不需要修改文档。

用法二:用于动态超链接设计。

在当前页面中,设有如下代码段:

```
un="aa"    '变量 un 代表用户名
Response.Write "<a href="1.asp? name="&un&">un</a> "
```

其功能是对字符 aa 做超链接,链接的目标文件是 1.asp。

若在 1.asp 文档里使用语句:

name=Request.QueryString("name")

单击上面的超链接后,则在本文档中的 name 变量就获得值 aa。

本用法在设计分页显示的导航页面时用到,参见例 15.4 节和 15.3.3 节的留言显示页面。

14.3.3　查询环境变量方法 ServerVariables()

使用 Request.ServerVariables()方法可以获得服务器和客户端的一些环境信息,见表 14-1。本方法的使用格式如下:

Request.ServerVariables("环境变量名")

表 14-1　Request.ServerVariables 方法支持的常用环境变量

序　号	环境变量	含　义
1	Server_Name	Web 服务器(主机)的名称
2	Local_Addr	Web 服务器(主机)的 IP 地址
3	Server_Port	Web 服务器(主机)使用的端口
4	Remote_Addr	客户端网关(或计算机)的 IP 地址
5	Server_Software	服务器端运行软件的名称和版本
6	URL	当前页面相对于网站根目录的路径及名称
7	Path_Translated	当前页面的完整路径及名称
8	Http_Accept_Language	客户端语言

注意:

● 对于通过拨号方式上网的计算机,访问位于服务器端且含有如下代码

Request.ServerVariables("Remote_Addr")

的动态网页,则显示客户端网关的 IP 地址,而且不同时间访问,其地址值可能不同。

● 如果客户端计算机有独立的 IP 地址,则 Reguest.Server Variables("Remote_

Addr")才是客户端计算机的 IP 地址。

● 使用本方法时,对环境变量加上一对双撇号是必须的。

【例 14.3】 获取服务器及客户端环境信息。

【浏览效果】 访问 http://www.wustwzx.com/webdesign/sj10-4.asp,显示网站服务器的 IP 地址和客户端的 IP 地址、服务器运行的软件的名称和版本等环境信息,如图 14-2 所示。

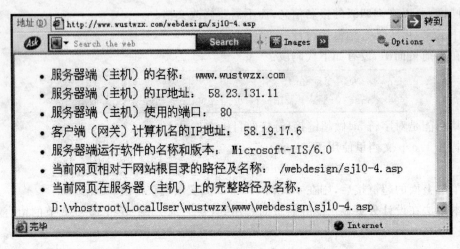

图 14-2 访问 http://www.wustwzx.com/webdesign/sj10-4.asp 获得环境信息

【源代码】 http://www.wustwzx.com/webdesign/sy10.html 可以下载源代码。

```html
<html>
<title> 获取服务器及客户端环境信息</title>
<style type="text/css">
    body{line-height:25px;}</style>
<body>
<ul>
    <li>服务器端(主机)的名称:
    <%=Request.ServerVariables("Server_Name")%></li>
    <li>服务器端(主机)的 IP 地址:
    <%=Request.ServerVariables("Local_Addr")%></li>
    <li>服务器端(主机)使用的端口:
    <%=Request.ServerVariables("Server_Port")%></li>
    <li>客户端(网关)计算机名的 IP 地址:
    <%=Request.ServerVariables("Remote_Addr")%></li>
    <li>服务器端运行软件的名称和版本:
    <%=Request.ServerVariables("Server_Software")%></li>
    <li>当前网页相对于网站根目录的路径及名称:
    <%=Request.ServerVariables("URL")%></li>
    <li>当前网页在服务器(主机)上的完整路径及名称:
    <%=Request.ServerVariables("Path_Translated")%></li>
```

```
    </ul>
    </body>
    </html>
```

注意：在不同的计算机上访问，其客户端信息有所不同。

* 14.4   Session 对象

14.4.1   Session 对象的特点

Session 对象代表一个会话过程，它在某个用户第一次访问网站的网页时自动创建。Session 信息保存在服务器缓存区，不会在客户端显现。

也可以在程序中创建 Session 变量，用法格式如下：

$$session("变量名")＝值$$

在整个会话过程中，存储在 Session 对象中的信息不会因为网页的跳转而消失或者变化。例为，在设计在线考试系统时，因为考生的相关信息保存在数据库中，考生登录后会跳转至答题页面，提交答案后跳转至表单处理页面，在表单处理页面中要用到考生登录的信息，可用 Session 对象实现，参见 15.3.3 节在线考试系统设计。

14.4.2   Session 对象的属性、方法与事件

1. Session ID 属性

Session 对象通常用来保存客户端信息，每个不同用户的每次不同访问都有唯一的一个 Session 值，它是服务器自动生成的用户标识，保存在 SessionID 属性中，即 Session. SessionID 就是用户标识（系统随机生成的 9 位数字）。系统对不同用户创建的标记是不同的，参见例 14.4 的图 14-4。

Session 信息保存的有效期默认为 20 分钟，通过设置 Timeout 属性可以修改。用户如果超过了会话的超时时限，在发出新的请求后，服务器则视该用户为一新的用户，并自动创建一个新的会话，此时系统会分配一个新的 Sess ID 属性值，原有的会话信息都会丢失。在程序中，可以设置 Session 信息的有效期，用法格式如下：

$$Session. Timeout＝n   （单位：分钟）$$

Session 对象创建的变量都存储在 Session 对象的 Contents 集合中，通过 Count 属性即可获得 Session 对象的变量个数。

$$Session. Contents. Count$$

2. Abandon 方法

Session. Abandon 方法强行结束 Session 对象，释放该对象占用的服务器内存，一般用于退出登录的页面里。

3. 事件

Session 对象的事件如下：

Session_OnStart：创建 Session 对象时触发；

Session_OnEnd：结束 Session 对象时触发。

注意：关闭浏览器时，并不立即释放所有 Session 对象占用的资源，因为 Session 对象有一定的有效期。所以，Session 对象在关闭浏览器且到了超期时触发。

通过 Session 对象的 OnStart 事件和 OnEnd 事件编写脚本可以在会话开始和结束时执行指定的操作。编写这些事件过程的脚本代码时，必须使用＜Script＞标记，并设置属性 RunAt＝"Server"，而不能使用一般的 ASP 脚本定界符＜％和％＞。

On_Start 事件的定义方法如下：

```
<Script Language='VBScript' RunAt='Server'>
    ……
Sub Session_OnStart   '过程定义开始
    ……    '处理事件的代码
End Sub   '过程定义结束
……
</Script>
```

14.4.3　Session 与 Cookie

如果客户端浏览器禁止了 Cookie(参见 14.7 节)，Session 就无法使用了，此时访问含有 Session 对象的动态页面时，将出现如图 14-3 所示的提示信息。

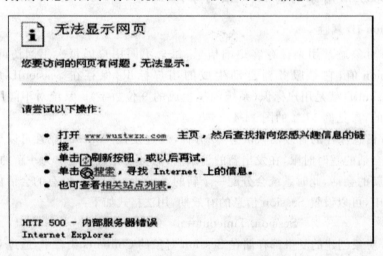

图 14-3　因 Cookie 设置引起动态页面的无法显示

*14.5　Application 对象

14.5.1　Application 对象的特点

Application 类型的变量则可以实现站点多个用户之间在所有页面中信息共享。可以理解 Application 为全局变量，而前面介绍的 Session 变量是局部变量。

一旦分配了 Application 对象的属性，它就会持久地存在，直到关闭或重启 Web 服务器服务。Application 对象针对所有用户，在应用程序运行期间会持久地保存。

Application 变量的建立方法是：

$$Application("变量名称")="值"$$

14.5.2　Application 对象方法与事件

1. 方法

1）Lock 方法

Lock 方法禁止其他客户修改 Application 变量（也可认为是 Application 对象的属性），以保证在同一时刻只有一个用户可以对 Application 对象进行操作，直到调用 Application 对象的 Unlock 方法。

2）Unlock 方法

允许其他客户修改 Application 变量。

2. 事件

Application 对象的两个重要事件如下：

Application_OnStart：在创建第一个新的会话前触发；

Application_OnEnd：在应用程序结束时触发。

通过 Session 对象的 OnStart 事件和 OnEnd 事件编写脚本可以在会话开始和结束时执行指定的操作。编写这些事件过程的脚本代码时，必须使用＜Script＞标记，并设置属性 RunAt＝"Server"，而不能使用一般的 ASP 脚本定界符＜％和％＞。

【例 14.4】　网站在线人数统计。

【效果描述】　访问 http：//www. wustwzx. com/wendesign/sj10-5. asp，在出现的浏览器窗口中会显示在线人数，最小化本次启动的浏览器界面。再次启动浏览器，在地址栏里输入同样的网址并回车，从此时出现的浏览器界面中可以看到在线人数在递增，如图 14-4 所示。

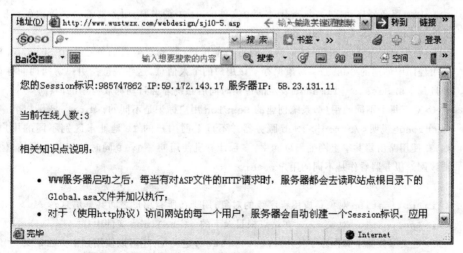

图 14-4　访问 http://www. wustwzx. com/wendesign/sj10-5. asp 的页面效果

【设计要点】

- 在线人数就是在线的 Session 用户数目。
- 定义 Application 和 Session 对象的 OnStart 和 OnEnd 事件。
- 定义和使用 Application 变量 zxrs。
- Web 服务器启动后会自动读取并执行位于站点根目录下的文件 global.asa，当客户端向服务器发出一个新的请求时也是如此。

【源代码】

- 显示在线人数和用户标识的源代码如下。

```
<html>
<head>
<title> 获取在线人数</title>
<style type="text/css">
<!--
body {
        font-size:14px;
        line-height:24px; }
-->
</style>
</head>
<body>
<p>您的 Session 标识:<%=Session.SessionID%>IP:<%=Request.ServerVariables
("REMOTE_ADDR")%>服务器 IP:<%=Request.ServerVariables("LOCAL_ADDR")%></p>
<p>当前在线人数:<%=application("zxrs")%><br>
 <br>
 相关知识点说明:</p>
<ul>
<li>WWW 服务器启动之后,每当有对 ASP 文件的 HTTP 请求时,服务器都会去读取站点根目录
下的 Global.asa 文件并加以执行;</li>
<li>对于(使用 http 协议)访问网站的每一个用户,服务器会自动创建一个 Session 标识。
应用程序中创建的 Session 对象保存了该用户的个人信息,这些信息在用户访问期间存在,离
开且到了由 Session.Timeout 设定的过期时间后系统才会自动释放占用的内存;</li>
<li>对于每个不同的用户,系统创建的 Session 用户标识是不同的;<br>
 <strong>说明</strong>:Web 服务器并不以上网用户的 IP 地址来区别不同的用户。例
如,在使用路由器共享上网的局域网中,多台计算机使用同一个 IP 同时访问某个网站,他们会
被该网站服务器看作是不同的用户。<br>
</li>
<li>Application 对象是应用程序级的对象,用于在所有用户之间共享信息;</li>
<li>Application 对象 zxrs 在站点根目录下的 global.asa 文件中建立;</li>
<li>定义服务器端脚本除了使用 &lt;%...%&gt;定义外,还可以使用如下方法定义:<br>
 &lt;Scrip Language=&quot;VBScript&quot;Runat=&quot;Server&quot; &gt;...
&lt;/Script&gt;</li>
```

```
<li>事件 Application_OnStart 在创建 Application 对象时触发;</li>
<li>Application_OnEnd 在结束 Application 对象时触发;</li>
<li>事件 Session_OnStart 在建立一个新的会话时触发;</li>
<li>事件 Session_OnEnd 在结束一个会话(包括会话超时)时触发。</li>
</ul>
</body>
</html>
```

● 相关联的特殊文件 global.asa 文件的源代码如下。

```
<Script Language="VBScript"RunAT="Server">
'本文件是个特殊的网页,文件名和扩展名固定,位于站点根目录下。
'Web 服务器启动后会自动读取并执行 global.asa 文件。
'下面定义的四个过程是为了统计访问网站的在线人数——保存在 Application 变量——
zxrs 中。
'Session.Timeout=10    '设置 Sesssion 信息的有效期;默认 20;单位:分钟
Sub Session_OnStart    '定义一个新的会话事件的处理过程
    application("zxrs")=application("zxrs")+1    '对象赋值
End Sub
Sub Session_OnEnd    '定义结束一个会话事件的处理过程
    application("zxrs")=application("zxrs")-1    '对象赋值
End Sub
sub Application_OnStart    '在创建 Application 对象时触发
    application("zxrs")=0'首次会话时创建对象:其信息不会消失,直到重启 Web 服务器
End Sub
sub Application_OnEnd    '在结束 Application 对象时触发。例如:关闭 Web 服务器前
    application("zxrs")=0
End Sub
</Script>
```

14.6　Server 对象

14.6.1　创建实例方法 CreateObject()

本方法用于创建已经注册到服务器上的 Active X 组件中的动态对象的实例,从而实现数据库连接等功能(参见 15.3 节),用法格式如下:

$$Set\ 实例名＝Server.CreateObject("组件名.对象名")$$

14.6.2　映射物理路径方法 MapPath()

在对存储在 Web 网站上的文件进行操作时,需要获得该文件实际的物理路径,而不是相对路径,使用本方法的 VBS 用法格式如下:

$$Server.MapPath("文件名")$$

其中,文件名前使用相对于站点根目录的相对路径。

14.6.3 ScriptTimeOut 属性

ScriptTimeOut 属性用于设置服务器 ASP 动态网页的最长执行时间,其默认值为 90 秒,设置方法如下:

Server. ScriptTimeOut＝时间值

● 通过设置脚本运行的最长时间,可以有效防止当脚本陷入死循环时耗费系统太多的资源。在规定的时间内,脚本还未执行完毕,将触发 ScriptTimeOut 事件,同时在页面中出现相应的错误信息。

● 本属性也可在 IIS 服务器中设置。

*14.6.4 其他方法

1. Execute 方法

Server. Execute 方法停止执行当前页面,将执行控制权转移到指定的新网页,待新网页执行完后,控制权返回到原始网页,并执行原始网页中 Execute 方法之后的语句。

本方法的用法格式如下:

Server. Execute("新网页文件名")

● 本方法实现的是网页调用,类似于程序设计中的过程(函数)调用。

● 页面调用时会把当前环境信息传递到目标新网页。

● 调用结束后返回原始网页的调用点之后继续执行。

例如,要根据客户端语系的不同,访问不同的网页,实现代码如下。

```
<%
yy=Request.ServerVariables("HTTP_ACCESS_LANGUAGE")
Select Case yy
  Case"zh-cn"
       Server.Execute("chinese/index.asp")
  Case"en"
       Server.Execute("english/index.asp")
End Select
%>
```

2. Transfer 方法

Server. Transfer 方法停止执行当前页面,将执行控制权转移到指定的新网页,用法格式如下:

Server. Transfer("目标网页文件名")

● 本方法实现页面的重定向,与 Response. Redirect 方法类似。

● 使用本方法实现页面重定向后,浏览器地址栏的显示并未相应地变化,即仍是原来页面的地址。这一点与 Response. Redirect 方法不同。

● Server. Transfer 方法在页面转换时能够传值,而 Response. Redirect 不能。

*14.7　Cookie 信息的建立与使用

14.7.1　Cookie 概述

Cookie 是指网站服务器为来访者在其客户端硬盘上自动创建的一些与用户相关的信息,如浏览者的用户标记、站点访问的时间等。这些 Cookie 信息被保存在 C:\Documents and Settings\Windows 用户名\Cookies 中,并且每个 Cookie 是一个被加密了的 txt 文件,文件名是以"用户名@网站 URL"命名的。

例如,管理员用户 Administrator 上网时的 Cookie 信息存放在如下的文件夹里:

C:\Documents and Settings\Administrator\Cookies

此外,Cookie 信息是作为 HTTP 传送的一部分发送给客户端的。

14.7.2　Cookie 信息的建立

网页设计者在页面中通过如下方法可以创建客户端的 Cookie 信息:

Response. Cookies("名")[. 属性名]="值(属性值)"

● 可以将 Cookies(注意:不是 Cookie)理解为 Response 对象的一个特殊属性,而不是方法。

● 如果不选属性名,则创建一个单值 Cookie。

● 常用的属性是 Expires,附加该属性后,就设定了该 Cookie 信息的到期时间。例如:

Response. cookies(" NumVisits "). Expires＝date＋365

设置 Cookie 信息(名称为 NumVisits)的有效期为一年。

14.7.3　Cookie 信息的使用

网页设计者在页面中通过如下方法可以获取存储在客户端的 Cookie 信息:

Request. Cookies("名")

同样,可以将 Cookies 理解为 Request 对象的一个特殊属性。

【例 14.5】　Cookie 信息的建立与使用。

【效果描述】　访问 http://www. wustwzx. com/webdesign/sj10-6. asp,将会显示在客户端计算机上访问本页面的总次数。连续多次访问本页面,观察访问次数的递增变化。

【设计要点】　ASP 内置对象建立与使用保存在客户端的 Cookie 信息的方法。

【源代码】　访向 http://www. wustwzx. com/webdesign/sy10.html 可以下载源代码。

```
<html>
<head>
<title> 使用服务器端脚本建立和使用 Cookie 信息</title>
</head>
<body>
<%
```

```
dim NumVisits
Response.cookies("NumVisits").Expires=date+365 '设置 Cookie 信息的有效期为一年
NumVisits=Request.cookies("NumVisits")   '读取客户端 Cookie 信息
if NumVisits="" then
    response.write("欢迎！你是在本机上访问本页面的第 1 人。")
    Response.cookies("NumVisits")=1      '建立客户端 Cookie 信息
else
    response.write("此前,在本机上本页面被访问过")
    if NumVisits=1 then
        response.write ",仅 1 次!"
    else
        response.write NumVisits&"次!"
    end if
    Response.cookies("NumVisits")=NumVisits+1 '修改客户端 Cookie 信息
end if
%>
</body>
</html>
```

【浏览效果】 在某台计算机首次访问本页面后,则出现"欢迎！你是在本机上访问本页面的第 1 人。"再连续按浏览器工具栏上的刷新按钮两次(相当于第三次访问本页面),则出现的页面效果如图 14-6 所示。

图 14-6　访问 http://www.wustwzx.com/wendesign/sj10-6.asp 的页面效果

习 题 14

一、判断题（正确用"A"表示，错误用"B"表示）

1. 在 VBS 脚本中，像 JS 脚本一样，也可以直接访问页面元素的属性。

2. 使用 Response.Write 方法可以输出 HTML 标记或客户端脚本。

3. ASP 内置的三大对象 Response、Request 和 Server 都是动态对象。

4. Session 信息和 Cookie 信息都保存在服务器端。

5. 在整个会话过程中，存储在 Session 对象中的信息不会因为网页的跳转而消失或者变化。

二、选择题

1. 在服务器端获得客户端以表单方式提交的信息，应使用的对象和方法是_____。

    A. Response.Form()　　　　　　　B. Request.Form()

    C. Request.Cookie()　　　　　　　D. Response.Cookie()

2. 向请求的服务器端的 ASP 动态网页传递参数，则在动态页面中必须使用 ASP 的内置对象_____。

    A. Request　　　　B. Response　　　　C. Server　　　　D. Application

3. 在 ASP 内置对象中，提供了使页面发生跳转方法的对象是_____。

    A. Request　　　　B. Session　　　　C. Response　　　　D. Server

4. 方法 Response.Write 输出的内容可以是_____。

    A. 文本字符串　　　B. 变量　　　　C. 客户端脚本　　　D. 都可以

5. 下列方法中，不是由 Request 对象提供的方法是_____。

    A. CreateObject　　B. Form　　　　C. QueryString　　D. ServerVariables

三、填空题

1. 若指定了表单处理程序为动态网页，则表单定义时应设置 method 属性值为_____。

2. 设计带接收用户传递参数的页面，应使用 Request 对象的_____方法。

3. 使用 ASP 内置的_____对象，可以建立或修改客户端的 Cookie 信息。

4. 使用 ASP 内置的_____对象，可以获取客户端的 Cookie 信息。

5. 使用 Request.ServerVariables("_____")方法可以获得通过拨号方式上网的计算机的网关的 IP 地址。

实验 10　ASP 内置对象与动态网页开发

（http://www.wustwzx.com/webdesign/sy10.html）

一、实验目的

1. 掌握使用 Response.Write()向客户端输出信息（含 HTML 标记和客户端脚本）的用法；

2. 掌握 Request 提供的方法的使用，特别是 Request.Form()方法的使用；

3. 掌握脚本语言 VBScript 的日期与时间函数的用法；

4. 掌握服务器端脚本语言 ASP VBScript 的流程控制语句的用法；

5. 了解 Session 对象和 Application 对象的用法；

6. 了解 Cookie 信息的建立与使用方法。

二、实验内容及步骤

【预备】　访问 http://www.wustwzx.com/webdesign/sy10.html，下载本次实验内容的源代码并解压至站点中，供调试使用。

1. ASP VBScript 的日期/时间函数与流程控制语句。

【效果演示】　访问 http://www.wustwzx.com/webdesign/sj10-1.asp。

【知识要点】

* 在 Windows 的资源管理器窗口中双击该文档 sj10-1.asp，观察出现什么信息？体会动态网页只能在站点中浏览。

* 去掉文档 sj10-1.asp 里循环语句内的注释，再浏览并观察求和结果的变化，体会 exit for 语句中止 for 循环的用法。

2. 动态链接。

【效果演示】　访问 http://www.wustwzx.com/webdesign/sj10-2.asp。

【知识要点】

* 下拉列表定义时使用 value 属性，以传给表单处理程序。

* Request 对象的 Form()方法，实现获取客户端提交的数据。

* Response 对象的 Redirect 方法实现页面跳转。

* 表单处理程序为动态网页，则表单定义时 method 属性值必须为"post"（默认值），不能为"get"，请加以验证。

3. 表单验证——用户登录。

【效果演示】　访问 http://www.wustwzx.com/webdesign/sj10-3.asp。

【知识要点】

* 打开文档 sj10-3.asp 文档，查看用户名和密码都是"admin"。

* 表格定位表单。

* 使用 ASP 的 Request.form()方法获取来自表单提交的数据。

- 使用 Response. Write 方法执行客户端 JavaScript 脚本的方法：
    response. write "<script>脚本命令序列(以分号分隔)</script>;"
4. 获取环境信息——Request. ServerVariables()方法的使用。
  【效果演示】　访问 http：//www. wustwzx. com/webdesign/sj10-4. asp。
  【知识要点】
  - 主机名：Request. ServerVariables(" Server_Name ")
  - 服务器的 IP 地址：Request. ServerVariables(" Local_Addr ")
  - Web 服务器(主机)使用的端口：Request. ServerVariables(" Server_Port ")
  - 客户端(网关)计算机的 IP 地址：Request. ServerVariables(" Remote_Addr ")
  - 服务器软件的名称和版本：Request. ServerVariables(" Server_Software ")
  - 当前网页相对于站点根目录的路径与名称：
                Request. ServerVariables(" URL ")
  - 访问的页面在服务器上的名称与路径：
                Request. ServerVariables(" Path_Translated ")
* 5. 实用技术——网站在线人数统计。
  【效果演示】　访问 http：//www. wustwzx. com/webdesign/sj10-5. asp。
  【知识要点】
  - Session 对象及其属性和事件。
  - Application 对象及其属性和事件。
  - Global. asa 文件中定义的事件及其处理过程。
  - Session 的工作机制要用到 Cookie。设置浏览器属性中的"隐私"选项，移动
  滑块，设置为"阻止所有 Cookie"，则不能正常访问本页面。
* 6. 高级技术——Cookie 信息的建立与使用。
  【效果演示】　访问 http：//www. wustwzx. com/webdesign/sj10-6. asp，观察出
    现的访问次数信息。连续多次按浏览器工具栏上的刷新按钮并观察访问次数
    的变化。
  【知识要点】
  - 建立方法：
  Response. Cookies(" NumVisits "). Expires＝date＋365
  '设置 Cookie 信息的有效期为一年：
  Response. Cookies(" NumVisits ")＝NumVisits＋1
  - 使用方法：Request. Cookies(" NumVisits ")。
  - 验证：设置浏览器属性中的"隐私"选项，移动滑块，设置为"阻止所有
  Cookie"，则不能正常访问本页面。

三、实验小结及思考
    (由学生填写，重点写上机中遇到的问题)

第 15 章　ADO 组件及其应用

组件是一个经过编译的特定的代码段,以安全、简洁并可以复用的对象形式提供;ADO 是 ASP 内置的一个组件;在 ASP 页面中使用 ADO 组件,能实现对多种数据库的访问,还可以实现将客户端的文件上传至 Web 服务器;对数据库的各种操作可以用一条 SQL 命令来表达,SQL 命令作为 ADO 对象的方法中的参数。本章学习要点如下:

- Access 数据库及其基本操作;
- SQL 命令的常用格式;
- 连接对象 Connection 的属性与方法;
- 记录集对象 RecordSet 的属性与方法;
- 流对象 Stream 的属性与方法。

15.1　IIS 内置组件与 ADO 组件

15.1.1　IIS 内置组件

在安装完成 Web 服务器软件 IIS 后,IIS 所含有的一些常用组件即被安装和注册到 Web 服务器上,这些组件称为 IIS 内置组件,也称 ASP 内置组件。

ASP 的内置对象无需创建实例便可以在脚本中使用,ASP 的内置组件在使用前则需要先创建实例。创建组件的实例的方法参见 14.6.1 节。

ASP 内置组件有很多,本书只介绍最重要的 ADO 组件。

15.1.2　ADO 组件

ADO 是 ActiveX Data Objects 的英文缩写,即活动的数据对象,它是 ASP 的内置组件,主要提供了用于连接数据库的连接对象 Connection 和对数据库表进行操作的记录集对象 RecordSet。

15.2　Access 数据库及其基本操作

本节作为编写数据库访问页面的预备知识,若不特别说明,所连接的数据库均指 Access 数据库。

15.2.1　概述

Access 是 Microsoft Office 办公软件中的一个组件,它是一种关系型的数据库管理系统软件。Access 数据库是以一定的数据模型组织和存储的、能为多个用户共享的、独立于应用程序的、相互关联的数据集合。从形式上看,Access 数据库是由若干具有关联的数据表组成的,它的层次结构如下。

- 一个数据库由若干张有关联的数据表组成。
- 一个数据表对应一个二维表,由若干行(记录)组成。
- 一条记录由若干个字段组成。

Access 共有表、查询、窗体、报表、页、宏和模块等七个对象,本教材只需要掌握第一个对象,即表。关系型数据库具有如下特点。

- 描述一致性。无论是实体还是实体之间的联系都用关系来表示。
- 可以直接表示多对多联系。如教师实体和课程实体是多对多关系,因为一个教师可以担任多个班的教学,同时,一个班的课程可以由多位教师任课。
- 关系规范化。二维表格中每一栏目都是不可分的数据项,即不允许表中有表。
- 数学基础严密。
- 概念简单,操作方便。用户对数据的检索是从原来的表中得到一张新表,具体操作毋需用户关心,数据的独立性高。

Access 的工作界面及数据库的层次结构,如图 15-1 所示。

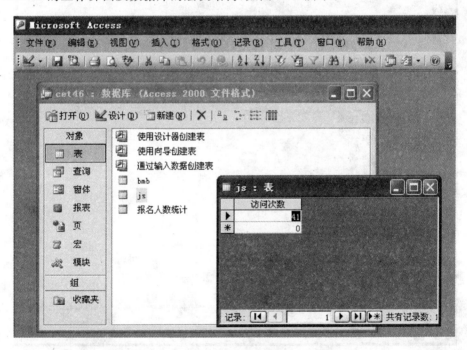

图 15-1　Access 的工作界面及数据库的层次结构

15.2.2　数据库与表的建立

1. 建立数据库

启动 Access 软件后,使用 Access 工具栏左边的"新建"按钮,即出现如图 15-2 所示的窗口。

单击右边任务窗格中的"空数据库"超链接,则出现如图 15-3 所示的对话框。

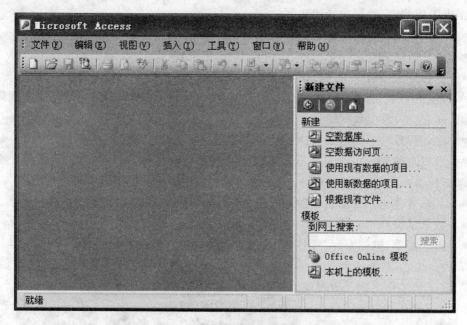

图 15-2　Access 数据库的"新建"窗口

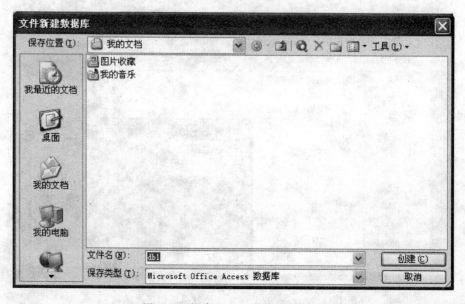

图 15-3　新建 Access 数据库对话框

在图 15-3 的对话框中,输入数据库文件名并选择保存该文件的路径后,单击"创建"按钮,即完成了一个空数据库的创建。

2. 建立数据表

"表"是 Access 数据库的第一个重要的对象,它是建立其他对象的基础。一个数据表与 Excel 中的工作表相对应。建立分两步完成,即先建立结构后输入记录。

● 表结构的建立：先打开一个数据库，在出现的窗口中选择"表"对象，然后单击工具栏上的"新建"按钮，即出现如图 15-4 所示的窗口。

图 15-4　Access 数据表的"设计视图"

依次输入各个字段的名称、类型、小数位（数值型才可能要设置）等。此外，还可以设置有效性规则和索引等。

常用的数据类型有文本、数字、日期/时间和备注类型。其中，文本、数字、类型与表单的文本框相对应，备注型与表单的多行文本框相对应。

● 浏览表记录：在数据库窗口中，选择"表"对象，双击某个"表"按钮，即进入数据表视图，此时可浏览数据表（包括修改表中的数据、追加记录和删除记录等操作），如图 15-5 所示。

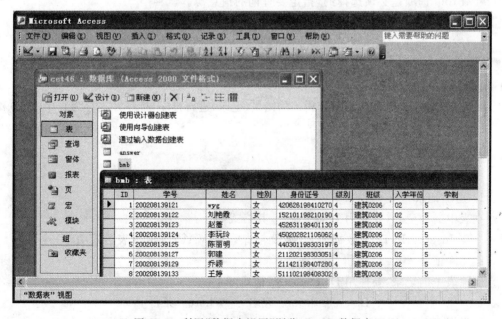

图 15-5　利用"数据表视图"浏览 Access 数据表

3. 数据库维护

数据库的维护工作主要包括:

● 设置数据表的主键:使用数据表的"设计视图"设置主键,以保证记录的唯一性并实现排序。

● 建立表间关系:在关系窗口中建立一对一或一对多关系。

● 表结构的修改:使用数据表的"设计视图"修改字段名称和类型的修改、设置字段的有效性规则、建立索引等。

● 表记录的修改:使用"数据表视图"实现记录的增加和删除、记录值的修改。

15.2.3 SQL 语言与 SQL 命令

SQL 是 Structured Query Language 的缩写,即结构化查询语言,是关系型数据库的标准语言。SQL 命令不仅能实现对数据库的信息查询,还能实现对数据表结构和内容两个方面的修改。

利用 ASP 内置组件访问数据库时,SQL 命令作为相关对象的方法中的参数。

1. 信息查询

打开某个数据库后,对该库表的信息查询要使用 Select 命令,Select 查询命令的一般格式是:

> Select 字段名清单 From　数据源(表)　[Where 筛选条件]
>
> [Group By 分组字段名[Having　条件]
>
> [Order By 排序关键字 1[Asc | Desc][,…]]

● From 选项是必须选择的,指定要查询的信息源。

● 一对方括号表示可以省略。

● Select 命令的基本含义是从表中筛选满足条件的记录,并按选择的字段显示。

● 短语 Group By 用于对查询得出的记录分组,Having 短语必须与 Group 短语连用,限定使用哪些组。

● 短语 Order By 用于对查询得出的结果(记录)进行排序,排序方式分为升序(Asc)和降序(Desc)两种。排序字符还可以是多个。

2. 数据操作

打开某个数据库后,对该库表的数据操作主要有如下几种。

1) 追加记录

在表中追加记录,要使用 Insert 命令,其格式如下:

> Insert　INTO　数据表名(字段名清单)　VALUES　(表达式清单)

2) 删除记录

删除表中的记录,要使用 Delete 命令,格式如下:

> Delete　From　表名　[Where　条件]

即根据 Where 短语中指定的条件,删除表中符合条件的记录。

● 若省略 Where 短语,将会删除表中全部记录。

- Delete 语句删除的只是表中的记录,而不是表的结构。

3) 修改记录

根据 Where 子句指定的条件,对指定记录的字段值进行更新。

Update　表名 Set 字段名 1＝表达式 1[,…][Where　条件]

- 若省略 Where 子句,则更新全部记录。
- Set 短语的功能是给字段赋值。
- 一次可以对表中的多个字段实现更新。

15.3　利用 ADO 访问数据库

ADO 组件提供了两个重要的对象,即 Connection 和 RecordSet,以实现对数据库的访问。下面先介绍与记录集相关的基本概念。

1. 记录集

记录集是一个与真实表内容相同并且存于内存中的虚拟表,数据库网页设计时一般要先建立记录集,而真实表是存放在数据库文件中的。

2. 记录指针

记录指针是用于定位记录的。当创建了一个名为 rs 的记录集后,记录指针默认指向第一条记录,通过 rs. MoveNext 方法移动记录指针到下一条记录,而 rs. MoveNext -1 是将记录指针从当前记录移动到上一条记录。

3. 记录集的 EOF 及 BOF 状态属性

记录集的 EOF 及 BOF 状态属性用来表示当前记录指针的位置。即当记录集的最后一条记录的最后一个字段操作完毕时的状态,或者说记录指针位于记录集的最后一条记录之后的状态,称 EOF 属性为 True(真),否则为 False(假)。

同样地,BOF 属性为 True 时,表示记录指针位于记录集的第一条记录之前。

4. 输出记录集的字段值

假设 rs 是一个记录集,zdm 是其中的某个字段名,则输出该字段值的方法是:

$$<\%=rs("zdm")\%>$$

注意:上述几个基本概念非常重要,在数据库网页设计中一定会用到。

15.3.1　连接对象 Connection

1. 连接数据库

使用 ADO 组件访问数据库,第一项工作是要创建 Connection 对象的实例并使用连接对象的 Open 方法或设置连接对象的 ConnectionString 属性实现与服务器中的数据库的连接,每一种连接方法中又分 ODBC 方式和 OLE DB 方式两种。

连接站点根目录中 data 文件夹下的数据库 cet46. mdb 的几种用法格式如下:

(访问 http://www. wustwzx. com/webdesign/sy11. html 可以下载源代码,连接数据库的代码含于 conn. asp 文件中)

```
<%
'方法一:以 ODBC 方式连接数据库;指定连接参数对:driver 和 dbq
set conn=server.createobject("adodb.connection")
conn.open "driver={Microsoft access driver(*.mdb)};dbq="&Sever.mappath("库名")
%>
<%
'方法一变形:使用 Connection 对象的 ConnectionString 属性
set conn=server.createobject("adodb.connection")
conn.ConnectionString="driver={microsoftaccessdriver(*.mdb)};
dbq="&server.mappath("data/cet46.mdb")
conn.open
%>
<%
'方法二:以 OLE DB 方式连接数据库;使用连接参数对:Provider 和 Data Source
set conn=server.createobject("adodb.connection")
conn.open "Provider=Microsoft.jet.OLEDB.4.0;Data Source="&server.mappath
("data/cet46.mdb")
%>
<%
'方法二变形:使用 Connection 对象的 ConnectionString 属性
set conn=server.createobject("adodb.connection")
conn.ConnectionString="Provider=Microsoft.Jet.OLEDB.4.0;
Data Source="&Server.MapPath("data/cet46.mdb")
conn.open
%>
```

注意：

● 上面连接代码中的 Set 短语不可省略，作用是命名组件的动态对象创建的实例。

● Provider 也是连接对象的一个属性，表示数据库的驱动引擎；而 Driver 不是连接对象的属性（参见例 15-1）。

2. 使用连接对象的 Execute 方法操作数据表

在创建了与数据库的连接(连接对象的实例名称假设为 conn)后，使用如下的命令：

conn. execute(sql)

可实现对数据库的更新/删除/追加操作（相应于 Update/Delete/Insert 命令）。其中参数 sql 为数据库的 SQL 操作命令，不能为 Select 查询。

例如，在名为 js 的表中包含"访问次数"字段，用于记录访问本页面的次数，该表只有一条记录，下面的代码则实现对访问本页面次数的统计。

```
<%
   sql=" Update js set 访问次数＝访问次数＋1"  'Update 为 SQL 命令
   conn. execute(sql)  '实现数据库更新
%>
```

3. 使用连接对象的 Execute 方法创建只读的记录集

Connection 对象的 Execute 方法也可以创建记录集,但这种记录集是只读的,不可更新,其使用格式如下:

$$\text{Set rs} = \text{Connection. Execute("Select 命令")}$$

其中,用 rs 表示创建的记录集对象。

4. 使用连接对象的 Close 方法关闭连接

访问数据库完成后,为了节省资源,可使用 Close 方法关闭与数据库的连接,其用法格式如下:

$$\text{Conn. Close}\quad\text{' Conn 是连接对象的实例名称}$$

【例 15.1】　网站计数器(主页访问次数统计)。

【浏览效果】　访问 http://www.wustwzx.com/webdesign/sj11-1.asp,浏览器窗口显示访问总量,按工具栏上的"刷新"按钮,则访问总量会递增。

【设计要点】

- 连接数据库与文件包含用法。
- 使用连接对象的 Execute 方法修改数据表。
- 创建数据表的记录集并显示。

【源代码】

```
<html>
<head>
<title>访问 Access 数据库做网站计数器</title>
</head>
<body>
<!--#include file="conn.asp"-->
<%
   sql="update js set 访问次数=访问次数+1  where 访问次数 is not null"
    '访问次数是库中表 js 的字段,数据库更新的 SQL 命令
   conn.execute(sql) '实现数据库更新属于 SQL 特定查询
   sql="select * from js"
   set rs=conn.execute(sql) '创建只读的记录集,此处的 set 可以省略
%>
本页面访问总量:<div style="color:#FF0000;font-size:36px">
  <%=rs("访问次数")%></div>
  <!-rs("访问次数")称为动态文本--->
  <br>数据库引擎:<%=conn.Provider%><br>
  <br>数据库连接字符串:<%=conn.ConnectionString%>
  <%
  conn.close    '关闭连接
  set conn=Nothing '释放连接对象占用的内存资源
  %>
</body>
</html>
```

注意：连接数据库的代码包含在站点根目录里的 conn.asp 文件中；这种使用文件包含方法的好处是避免了代码的重复书写，文件包含用法参见 12.1.3 节。

【例 15.2】 查询英语四、六级报名信息。

【浏览效果】 访问 http://www.wustwzx.com/webdesign/sj11-2.asp，浏览器窗口显示所有报名四、六级的人数，效果如图 15-6 所示。

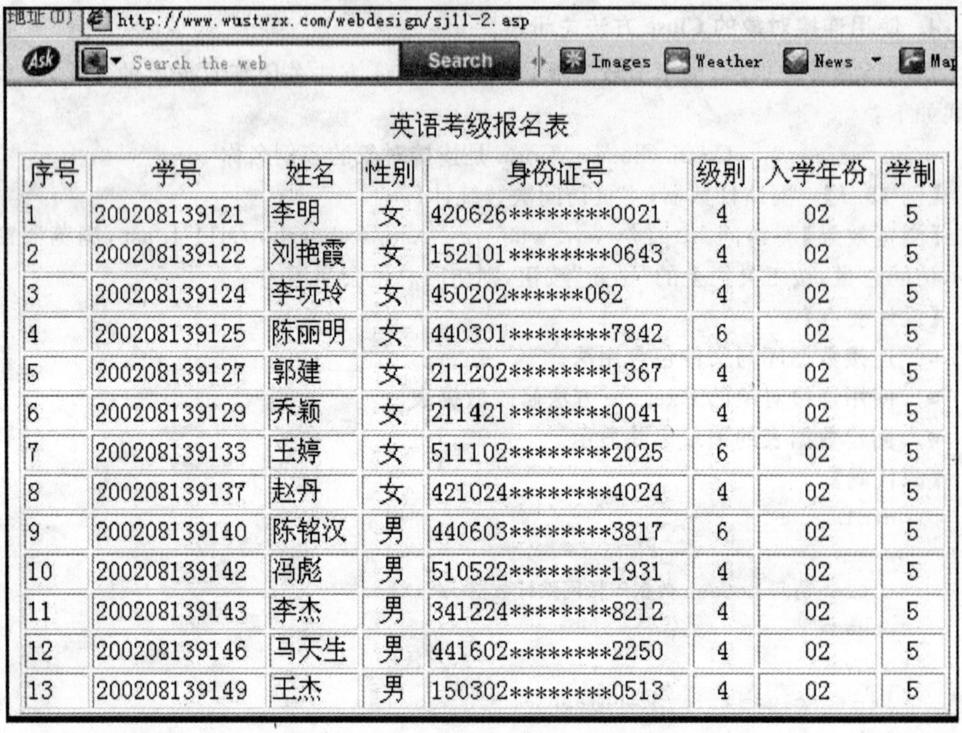

英语考级报名表

序号	学号	姓名	性别	身份证号	级别	入学年份	学制
1	200208139121	李明	女	420626********0021	4	02	5
2	200208139122	刘艳霞	女	152101********0643	4	02	5
3	200208139124	李玩玲	女	450202******062	4	02	5
4	200208139125	陈丽明	女	440301********7842	6	02	5
5	200208139127	郭建	女	211202********1367	4	02	5
6	200208139129	乔颖	女	211421********0041	4	02	5
7	200208139133	王婷	女	511102********2025	6	02	5
8	200208139137	赵丹	女	421024********4024	4	02	5
9	200208139140	陈铭汉	男	440603********3817	6	02	5
10	200208139142	冯彪	男	510522********1931	4	02	5
11	200208139143	李杰	男	341224********8212	4	02	5
12	200208139146	马天生	男	441602********2250	4	02	5
13	200208139149	王杰	男	150302********0513	4	02	5

图 15-6 以表格形式显示英语四、六级报名信息

如果只访问六级的报名信息，则需要在浏览器地址栏请求的页面后加"?jb=6"，如图 15-7 所示。

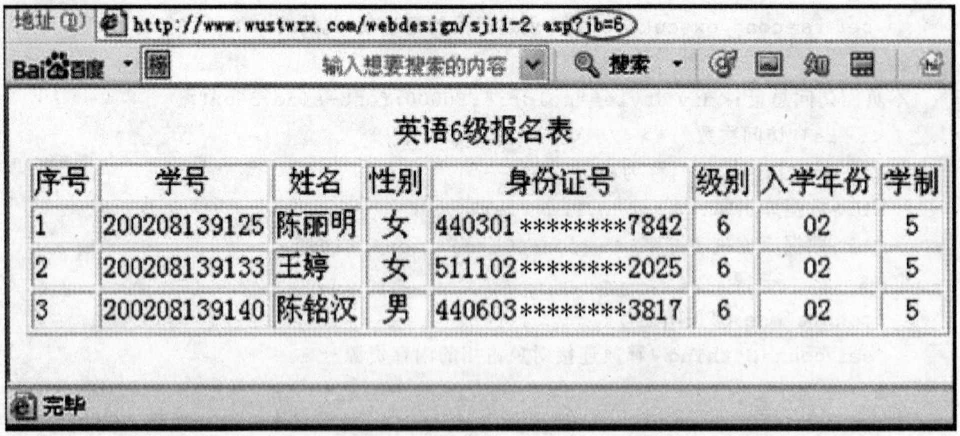

英语6级报名表

序号	学号	姓名	性别	身份证号	级别	入学年份	学制
1	200208139125	陈丽明	女	440301********7842	6	02	5
2	200208139133	王婷	女	511102********2025	6	02	5
3	200208139140	陈铭汉	男	440603********3817	6	02	5

图 15-7 带传递参数的页面请求——英语六级报名信息查询

【设计要点】

* 连接数据库。
* 创建只读的记录集。
* 以表格形式输出记录集——HTML 代码和 ASP 代码混合编程。
* 在 SQL 命令中包含有变量。
* 向请求页面传递参数的用法——Request. QueryString 方法的使用。

【源代码】

```
<html>
<head>
<title>ADO 组件的 Connection 对象的使用——英语考级报名信息查询</title>
</head>
<body>
<!--#include file="conn.asp"-->
<%
dim jb    'dim用于变量申明,不是必须的,可去
jb=Request.QueryString("jb")'接受请求页面时传递的参数值
if jb=0  then   '请求页面时未传递参数值的情形
    set rs=conn.execute("select * from bmb") '所有记录
else   '连接对象的execute方法的参数为SQL命令
    set rs=conn.execute("select * from bmb where 级别='"&jb&"'")
        '相应级别的记录
end if
%>
<table width="59% " border="1">
<% '输出表格标题
  if jb=0 then
        Response.write "<caption>英语考级 "
    else
        Response.write "<caption>英语"&jb&"级 "
    end if
    response.write"报名表</caption>"
%>
    <tralign="center">
    <td>序号</td><td> 学号</td><td>姓名</td><td>性别</td>
    <td>身份证号</td><td>级别</td><td>入学年份</td>
    <td>学制</td></tr>
<%
    xh=1 '序号初值
    while not rs.eof '当记录指针不在记录集的末端时
    %>
    <!--顺序地输出记录集中的所有记录-->
```

```
    <tr>
      <td><%=xh%></td>
      <td><%=rs("学号")%></td>
      <td><%Response.Write rs("姓名")%></td>
             <!--向页面输出方法等效-->
      <td align="center"><%=rs("性别")%></td>
      <td><%=rs("身份证号")%></td>
      <td align=center><%=rs("级别")%></td>
      <td><div align="center"><%=rs("入学年份")%></div></td>
      <td><div align="center"><%=rs("学制")%></div></td>
    </tr>
<%
    rs.movenext    '记录指针后移
    xh=xh+ 1
    Wend    '进入下一轮循环
%>
</table>
</body>
</html>
```

注意：用法"select * from bmb where 级别='"&jb&"'"中，将变量值嵌入到 SQL 命令表达式，是一个难点。表 bmb 中"级别"字段类型是文本型，要加一对单撇号(因为整个 SQL 命令是字符串，使用了一对双撇号)；符号"&"用于字符串连接。

15.3.2 记录集对象 RecordSet

使用 Connection 的 Execute 方法虽然能实现对数据库的更新等操作，但其方法不够灵活。实际上，使用 ADO 组件中的记录集对象 RecordSet 可以更加方便地操纵数据库，它不仅可以更新数据，还有对查询结果进行分页显示。

1. 创建可更新的记录集及更新方法

1) 创建可更新的记录集

使用记录集对象 RecordSe 创建可更新的记录集的代码如下：

> set rs＝server. createobject("adodb. Recordset")   '创建实例
> rs. open "Select 命令",conn,1,3   '创建可更新的记录集

- 使用参数对"1,3"时，表示记录集是可更新的；
- 当省略参数对"1,3"或者为"1,1"时，创建的记录集不可更新，即是只读的；
- 第一参数只能是 Select 选择查询命令，而不能是其他的操作查询(为 Update、Insert、Delete 等)命令；
- 前面两个参数是使用记录集对象的 Open 方法所必需的，且顺序不可交换。

【例 15.3】 英语四、六级报名信息查询。

【浏览效果】 访问 http://www. wustwzx. com/webdesign/sj11-5. html，浏览器窗口

显示一个供浏览者选择报名级别的下拉列表框,此框含于表单内,如图 15-8 所示。

图 15-8　选择英语报名级别的表单页面

在下拉列表框里选择报名级别"六级"并单击"提交"按钮后,会执行表单处理程序 sj11-5.asp,在屏幕上以表格形式显示查询的信息,如图 15-9 所示。

学号	姓名	性别	身份证号	级别	入学年份	学制
200208139125	陈丽明	女	440301********7842	6级	02	5
200208139133	王婷	女	511102********2025	6级	02	5
200208139140	陈铭汉	男	440603********3817	6级	02	5

英语六级报名表

图 15-9　英语六级报名信息查询结果

【设计要点】

- Request.Form() 方法获取浏览者选择的英语级别。
- 使用记录集对象 RecordSet 创建记录集——查询得到的信息。
- 用表格显示记录集信息。

【源代码】　访问 http://www.wustwzx.com/webdesign/sy11.html,下载得到源代码。

- 表单页面 sj11-5.html。

```html
<html>
<head>
<title>英语四、六级报名信息查询</title>
<style type="text/css">
.STYLE1  {
    color:# FF0000;font-weight:bold;font-size:16px;
}
</style>
</head>
```

```
<body>
    <form name="form1" method="post" action="sj11-5.asp">
        <!--指定本表单的服务器端处理程序和提交方式-->
        <span class="STYLE1"> 英语四、六级报名信息查询</span>
        <p>
    请选择级别：
        <SELECT name=level>
            <!--定义一个下拉列表框,名称为 level-->
            <option value=1>四级</option>
            <option value=2>六级</option>
        </SELECT>
        <!--下拉列表框定义结束-->
        <input type="submit" value="提交">
    </form>
</body>
</html>
```

注意：表单传值给服务器的控件名为"level"，提交的值为数值型的 1 或 2。

● 表单处理页面 sj11-5.asp

```
<!--#include file="conn.asp"-->
<%
s=Request.Form("level") '获得通过表单元素(名称为"level")的选择
if s=1 then    's=1:表示选择了四级
    sql="select * from bmb where 级别='4'"
    jb="四级"
else
    sql="select *from bmb where 级别='6'"
    jb="六级"
end if
set rs=server.createobject("ADODB.RecordSet")
rs.open sql,conn   '创建了记录集
%>
<table width="85%" border="1">
    <caption> 英语<%=jb%> 报名表</caption>    <!--<caption> 是表格标题标记-->
    <tr  align="center">
        <td width="11%">学号</td><td width="14%">姓名</td><td width="9%">性别</td>
        <td width="27%">身份证号</td><td width="10%">级别</td><td width="16%">入学年份</td>
        <td width="13%">学制</td></tr>
<%while not rs.eof%><!--只要没有到记录集尾就进入循环体,否则结束循环-->
    <tr  align="center"><!--在表格的一行里显示当前记录的各字段值-->
```

```
        <td><%=rs("学号")%></td><td><%=rs("姓名")%></td><td><%=rs("性
别")%></td>
        <td><%=rs("身份证号")%></td><td><%=rs("级别")%>级</td><td><%=rs
("入学年份")%></td>
        <td><%=rs("学制")%></td></tr>
<%    rs.movenext'记录指针后移一条
      wend 'while 循环的配套语句
%>
</table>
```

2）记录集的更新方法

在使用 RecordSet 对象创建了可更新的记录集 rs 后，可以使用如下方法操作记录集。

● Rs. AddNew：增加一条空记录。

● Rs. Delete：删除当前记录。

● Rs("字段名")＝值：修改当前记录的字段值。

● Rs. Update：更新记录集，从而实现了通过对记录集的更新实现对数据库（表）的更新。它是使用记录集对象 RecordSet 更新数据库（表）必须使用的方法。

注意：本方法的具体用法参见 15.3.3 节。

2. 分页属性

网站主页中的新闻显示标题通常是分页显示的，如果在页面中显示所有的新闻标题将是不美观的，也是不实际的。利用记录集对象相关的分页属性可以制作分页导航栏以实现新闻标题的分页显示。

设 rs 是由记录集对象创建的记录集，则用于分页显示记录的相关属性用法如下。

● rs. RecordCount：获得记录集的总记录数。

● rs. PageSize：设置每页记录数。

● rs. PageCount：获得记录集的总页数。

● rs. AbsolutePage＝n：定位到记录集的第 n 页的首记录。

【例 15.4】　分页显示访问数据库得到的查询信息。

【浏览效果】　访问 http://www. wustwzx. com/webdesign/sj11-4. asp，浏览器窗口中的显示效果如图 15-10 所示。

英语四、六级报名表						
学号	姓名	性别	身份证号	级别	入学年份	学制
200208139125	陈丽明	女	440301********7842	6级	02	5
200208139140	陈铭汉	男	440603********3817	6级	02	5
200208139142	冯彪	男	510522********1931	4级	02	5
200208139127	郭建	女	211202********1367	4级	02	5
共13条记录分4页　当前页:1 选择: <u>1 2 3 4</u>						

图 15-10　访问数据库并以分页的方式显示查询结果

【设计要点】

- 连接数据库与文件包含用法。
- 使用 RecordSet 对象创建的记录集具有分页特性。
- 对＜A＞标记设计动态链接实现记录导航。
- 带传递参数的页面调用。
- For-Next 循环中含有 Exit For 语句。

【源代码】　访问 http://www.wustwzx.com/webdesign/sy11.html,下载得到源代码。

```
<!--#include file="conn.asp"-->
<%
 set rs=server.createobject("adodb.recordset")
 sql="select * from bmb order by 姓名"  '将数据表按姓名排序
 rs.open sql,conn,1,1 '参数组"1,1"表示建立的记录集是只读的
 rs.pagesize=4   '设置每页显示记录数
 response.write"提示:本页面是带参数调用的,参数为 page。将鼠标指向不同的被链接
的数字上时,观察记录导航条上问号? 后参数 page 值的相应变化。<br><br>"
%>
<table width="73% "border="1">
    <caption>英语四、六级报名表</caption>
    <tr  align="center">
        <td>学号</td><td>姓名</td><td>性别</td><td>身份证号</td><td>级
别</td><td>入学年份</td><td>学制</td>
    </tr>
<%
    page=request.QueryString("page") '接受链接(请求)本页面时的所传递的参数(观
察 URL 地址栏中? 后的变量和值)
    if page=0 then   '首次访问不带参数时
        page=1   '显示第一页
    end if
    rs.absolutepage=page   '记录指针定位到第 page 页的首记录
    for i=1 to rs.pagesize%><!--输出指定页,循环开始-->
    <tr  align="center"><!--在表格的一行里显示当前记录的各字段值- - >
      <td><%=rs("学号")%></td>
      <td><%=rs("姓名")%></td>
      <td><%=rs("性别")%></td>
      <td><%=rs("身份证号")%></td>
      <td><%=rs("级别")%>级</td>
      <td><%=rs("入学年份")%></td>
      <td><%=rs("学制")%></td>
    </tr>
<%
  rs.movenext '记录指针后移一条
```

```
      if rs.eof then exit for '终止循环,发生在输出最后一页的记录时
      next 'for循环的配套语句,本次循环结束,进入下一轮循环
   %>
   </table>
   <table width="63%" border="1" bgcolor="#FFCCFF">
   <tr><td align="right">
      共<%=rs.RecordCount%>条记录分<%=rs.pagecount%>页当前页:<%=page%>
      选择:<%for i=1 to rs.PageCount%>
         <a href="sj11-4.asp?page=<%=i%>"><%=i%></a><!--带参数传递的页面链接-->
      <%next %></td>
   </tr>
   </table>
```

15.3.3　数据库访问综合实例

本节通过两个综合应用的例子,进一步巩固利用 ASP 对象和 ADO 组件提供的方法与属性进行数据库编程。

1. 留言本设计

【预备】　在 cet46. mdb 数据库建立表 LYB(如图 15-11 所示),包含有 name、sex、cont、re_cont、time 和 re_time 等字段,其中 time 和 re_time 两个字段值是通过 Access 的 Now()函数自动获取的,分别表示客户端提交留言时间和后台管理回复留言的时间;cont 字段为备注类型,用于存放留言信息。该表的设计视图,见图 15-11。

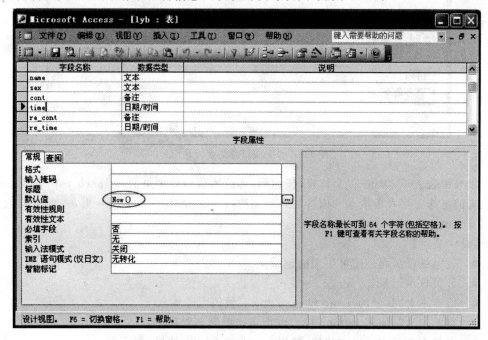

图 15-11　存放留言的表 LYB 的设计视图

【浏览效果】 访问 http://www.wustwzx.com/webdesign/sj12-1.asp，浏览器窗口中分页显示留言板中的留言，且含有"我要留言"超链接，效果如图 15-12 所示。

图 15-12　显示留言页面

单击"我要留言"超链接，进入发表留言页面（sj12-1a.html），它是一个静态的表单页面，效果如图 15-13 所示。

图 15-13　发表留言的表面页面

填写留言表单，单击"提交留言"按钮后，即进入表单处理页面（sj12-1b.asp）。表单处理页面的工作是将表单输入的内容写入数据库（cet46.mdb）中的表 lyb 里，并重定向至显示留言页面（sj12-1.asp）。

【设计要点】
- 表单处理页面创建可更新的记录集。
- 分页显示记录集。
- 留言本 LYB 里的 Time 和 re_Time 字段值无需输入。
- 表单定义时使用 action 属性，以指定表单处理程序。
- 表单中必须定义提交按钮，并以 post（method 属性值）方式提交。

【源代码】 访问 http://www.wustwzx.com/webdesign/sy12.html，下载得到源代码。

- 显示留言页面 sj12-1.asp

```
<!--#include file="conn.asp"-->
<%
  sql="select * from lyb  order by time desc"
  'lyb 是数据库 cet46.mdb 中的表,包含留言内容,按时间(time 字段)降序(desc)
  set rs=server.createobject("adodb.recordset")
  rs.open sql,conn,1,1  '创建只读的记录集
  %>
<style type="text/css">
.bt {font-size:14px;font-weight:normal;color:#99CC33;}
td {font-size:16px;font-weight:bolder;color:#FF0066;line-height:20px;}
</style>
<table border="1" width=720>  <!--显示留言代码开始-->
<caption>留言板 <a href="sj12-1a.html">我要留言</a>
</caption>
<%
page=request.QueryString("page")'接收传递给出本页面参数
if page=0 then page=1
'初次进入本页面不会传递参数(默认 page=0),应修改设定为显示第一页(即 page=1)
rs.PageSize=2'设置每页显示的记录数
pages=rs.pagecount
rs.AbsolutePage=page '记录指针定位到该页首部
for i=1 to rs.PageSize'输出该页的全部记录
%>
  <tr>  <td><span class="bt">留言者:</span><%=Rs("name")%><span class=
"bt"> 性别:</span><%=Rs("sex")%><span class="bt">留言时间:</span><%=Rs
("time")%></td>
  </tr>
  <tr>  <td><span class="bt">留言内容:</span><%=Rs("cont")%></td>
  </tr>
  <tr><td>---</td></tr>
<%
       rs.movenext
       if rs.eof then exit for'跳出循环
        next
       %>
  <tr>
<td bgcolor="f5f5f5"><!--下面是构造分页显示导航的代码-->
<div align="right">共<%=rs.RecordCount%>条记录当前页:<%=page%>共<%=rs.
pagecount%>页选择:
       <%for i=1 to rs.pagecount%>
       <a href="sj12-1.asp?page=<%=i%>"><%=i%></a>
       <%next%></div>
```

```
        </td>
      </tr>
    </table>
```

- 发表留言页面 sj11-5a.html。

```html
    <!--发表留言代码开始-->
    <form name="form1" method="post" action="sj12-1b.asp">
      <table border="0">
        <tr><td> 姓名:<input type="text" name="name"></td></tr>
        <tr><td>性别:<input type="radio" value="男" name="sex" checked>男
                    <input type="radio" value="女" name="sex">女</td></tr>
        <tr><td>内容:<textarea name="cont"></textarea></td></tr>
        <tr><td><input type="submit"  value="提交留言"></td></tr>
      </table>
    </form>
```

- 表单处理页面 sj11-5b.asp。

```
<!--#include file="conn.asp"-->
<%
if request.Form("name")="" or request.Form("cont")="" then
  response.write"<script>alert('对不起,你的姓名或是留言内容还未输入!');
history.back();</script>"
  response.end()
end if
sql="select* from lyb" 'lyb 是 cet46 库中的表,记录留言信息
set rs=server.createobject("adodb.recordset")'使用 RecordSet 对象
rs.open sql,conn,1,3 '创建可更新的记录集,参数对(1,3)
rs.addnew '插入一条空记录
rs("name")=request.Form("name")'接收表单元素 name 提交的值
rs("sex")=request.Form("sex")'接收表单元素 sex 提交的值
rs("cont")=request.Form("cont")'接收表单元素 cont 提交的值
rs.update  '更新记录
response.write "<script>alert('留言提交成功!');location.href='sj12-1.asp'
</script>"
'使用客户端脚本   通过设置 Location 对象的 href 属性(值)实现页面跳转
%>
```

*2. 在线考试系统设计

【预备】 数据库:cet46.mdb 存放了下面两张数据表。

- 考生表 ks:含有准考证号(文本型,3 位)、学号(文本型)和成绩(整型)三个字段。
- 在本地使用 Access 软件打开,并记住三个考生的准考证号和学号,以供考生登录时使用。
- 答案表 answer:含有题号(整型)和答案(字符型)两个字段。

【浏览效果】 访问 http://www.wustwzx.com/webdesign/sj12-2.asp,浏览器窗口显示考生登录的表单页面,如图 15-14 所示。

图 15-14　考生登录页面

输入准考证号和学号后，由程序 sj12-2a.asp 进行处理，判定是否为合法的考生。如果输入信息正确，则呈现答题页面（调用 sj12-2b.html），如图 15-15 所示。

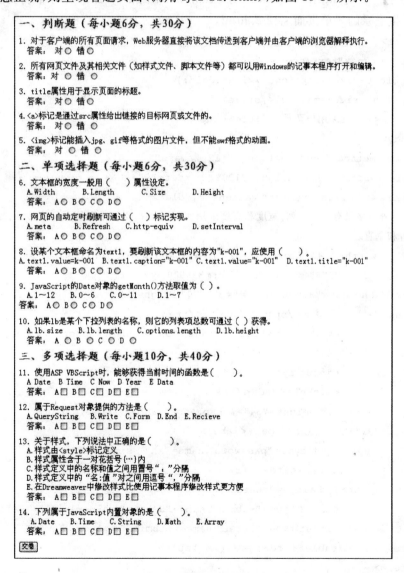

图 15-15　考生答题的表单页面

答题完毕后,单击表单最后的"交卷"按钮,即由程序 sj12-2c. asp 做评分处理,将成绩写入数据库(表)相应的记录中,最后给出成绩消息框,如图15-16所示。

【设计要点】

● 在服务器脚本中访问具有同名元素的表单元素。

图 15-16   提交表单后显示考试成绩

● 建立 Session 变量 ksid 在多个页面中传值。

● 在方法 Response. Write 中混合输出 HTML 标记、客户端脚本和 ASP 网页中建立的变量。

【源代码】   访问 http://www.wustwzx.com/webdesign/sy12. html,下载得到源代码。

● 考生登录的表单页面 sj12-2. html。

```html
<html>
<style type="text/css">
.S1 {font-size:18px;font-weight:bold;}
.S2 {font-size:smaller}</style>
<head><title> 用户登录</title></head>
<body>
<form  method="post" action="sj12-2a.asp">
<table width="100%" height="100%" border="0">
  <tr><td align="center" valign="middle">
<!--外表格只有一行一列,宽度和高度采用实际窗口宽度和高度的百分比形式,定义内表格
左右和垂直居中-->
<table width="297" height="162"   cellpadding="0" cellspacing="0"
bgcolor="#CECFFF" style="border:#339900 3px solid">
<tr><td height="36" bgcolor="#339900" align="center"><span
class="S1">考生登录</span></td>   </tr>
        <tr><td width="291" height="35">    <span
class="S2">准考证号:</span></span><label>
            <input type="text" name="zkzh" size=22/>
            </label></td></tr>
        <tr><td height="34">    <span
class="S2">学   号:</span><label>
            <input type="password" name="xh"  size=22/>
            </label></td></tr>
        <tr><td align="center">
            <input type="submit" name="Submit" value="提交"/>  
            <input type="reset" name="Submit2" value="重置">
</td></tr></table></td>   </tr></table>
</form>
```

```
</body>
</html>
```

● 考生密码验证页面 sj12-2a.asp。

```
<!--#include file="conn.asp"-->
<%
  dim id,xh
  id=Request.form("zkzh")
  xh=Request.form("xh")
  sql="select * from ks where 准考证号='"&id&"'"&"and 学号='"&xh&"'"
  set rs=server.createobject("adodb.recordset")
  rs.open sql,conn,1,1'创建只读的记录集
  'response.write rs("学号")
  if rs.eof then
      Response.write "<script>alert('输入信息错误!');history.back()</script>"
  else
      Session("ksid")=id'保存以供其他页面使用
      Response.write "<script>location.href='sj12-2b.html';</script>"
  end if
%>
```

● 考生答题的表单页面 sj12-2b.asp。

```
<html>
<head>
<title>在线考试</title>
<style>
.bt{color:#FF0033;font-family:"楷体_GB2312";font-size:22px;font-weight:
bold;}
.zl{color:#33CCCC;font-family:"新宋体";font-size:18px;}
</style>
</head>
<body>
<form name="c" method="post" action="sj12-2c.asp">
  <span class=bt>
一、判断题(每小题 6 分,共 30 分)</span>  <p>
1. 对于客户端的所有页面请求,Web 服务器直接将该文档传送到客户端并由客户端的浏览器
   解释执行。<br>
   <font color="#0000FF">  答案:</font>
   对<input type="radio" name="pd1" value="A">  错<input type="radio" name
   ="pd1" value="B"><p>
2. 所有网页文件及其相关文件(如样式文件、脚本文件等)都可以用 Windows 的记事本程序打
   开和编辑。<br>
   <font color="#0000FF">  答案:</font> 对
```

<input type="radio" name="pd2" value="A">   错<input type="radio" name="pd2" value="B"><p>

3. title 属性用于显示页面的标题。

<font color="#0000FF"> 答案:</font>

对<input type="radio" name="pd3" value="A">   错<input type="radio" name="pd3" value="B"><p>

4. <a>标记是通过 src 属性给出链接的目标网页或文件的。

<font color="#0000FF"> 答案:</font>

对<input type="radio" name="pd4" value="A">   错<input type="radio" name="pd4" value="B"><p>

5. <img>标记能插入 jpg、gif 等格式的图片文件,但不能是 swf 格式的动画。

<font color="#0000FF"> 答案:</font>

对 <input type="radio" name="pd5" value="A">   错<input type="radio" name="pd5" value="B"><p><span class="bt">

二、单项选择题(每小题 6 分,共 30 分)</span><p>

6. 文本框的宽度一般用(　　)属性设定。

   A.Width   B.Length   C.Size   D.Height

<font color="#0000FF"> 答案:</font>

A<input type="radio" name="dx6" value="A">

B<input type="radio" name="dx6" value="B">

C<input type="radio" name="dx6" value="C">

D<input type="radio" name="dx6" value="D"><p>

7. 网页的自动定时刷新可通过(　　)标记实现。

   A.meta   B.Refresh   C.http-equiv   D.setInterval

<font color="#0000FF"> 答案:</font>

A<input type="radio" name="dx7" value="A">

B<input type="radio" name="dx7" value="B">

C<input type="radio" name="dx7" value="C">

D<input type="radio" name="dx7" value="D"><p>

8. 设某个文本框命名为 text1,要刷新该文本框的内容为 "k- 001",应使用(　　)

   A.text1.value=k-001

   B.text1.caption="k- 001"

   C.text1.value="k-001"

   D.text1.title="k-001"

<font color="#0000FF"> 答案:</font>

A<input type="radio" name="dx8" value="A">

B<input type="radio" name="dx8" value="B">

C<input type="radio" name="dx8" value="C">

D<input type="radio" name="dx8" value="D"><p>

9. JavaScript 的 Date 对象的 getMonth()方法取值为(　　)。

   A.1～12   B.0～6   C.0～11   D.1～7

```
<font color="#0000FF"> 答案:</font>
A<input type="radio" name="dx9" value="A">
B<input type="radio" name="dx9" value="B">
C<input type="radio" name="dx9" value="C">
D<input type="radio" name="dx9" value="D"><p>
```

10. 如果 lb 是某个下拉列表的名称,则它的列表项总数可通过(　　)获得。

    A.lb.size　　　B.lb.length　　　C.options.length　D.lb.height

```
<font color="#0000FF">　答案:</font>
A<input type="radio" name="dx10" value="A">
B<input type="radio" name="dx10" value="B">
C<input type="radio" name="dx10" value="C">
D<input type="radio" name="dx10" value="D"><p class="bt">
```

三、多项选择题(每小题 10 分,共 40 分)　<p>

11. 使用 ASP VBScript 时,能够获得当前时间的函数是(　　)。

    A.Date　　　　B.Time　　　　C.Now　　　　D.Year　　　　E.Data

```
<font color="#0000FF">　答案:</font>
A<input type="checkbox"　value="A" name=mx11>
B<input type="checkbox"　value="B" name=mx11>
C<input type="checkbox"　value="C" name=mx11>
D<input type="checkbox"　value="D" name=mx11>
E<input type="checkbox"　value="E" name=mx11>　<p>
```

12. 属于 Request 对象提供的方法是(　　)。

    A.QueryString　B.Write　　　C.Form　　　D.End　　　　E.Recieve

```
<font color="#0000FF">　答案:</font>
A<input type="checkbox"　value="A" name=mx12>
B<input type="checkbox"　value="B" name=mx12>
C<input type="checkbox"　value="C" name=mx12>
D<input type="checkbox"　value="D" name=mx12>
E<input type="checkbox"　value="E" name=mx12>　<p>
```

13. 关于样式,下列说法中正确的是(　　)。

    A.样式由 <style>标记定义

    B.样式属性含于一对花括号{…}内

    C.样式定义中的名称和值之间用冒号“:”分隔

    D.样式定义中的“名:值”对之间用逗号“,”分隔

    E.在 Dreamweaver 中修改样式比使用记事本程序修改样式更方便

```
<font color="#0000FF">　答案:</font>
A<input type="checkbox"　value="A" name=mx13>
B<input type="checkbox"　value="B" name=mx13>
C<input type="checkbox"　value="C" name=mx13>
D<input type="checkbox"　value="D" name=mx13>
E<input type="checkbox"　value="E" name=mx13><p>
```

14. 下列属于 JavaScript 内置对象的是(　　)。

```
A.Date        B.Time        C.String      D.Math        E.Array<br>
<font color="#0000FF">    答案:</font>
A<input type="checkbox"  value="A" name=mx14>
B<input type="checkbox"  value="B" name=mx14>
C<input type="checkbox"  value="C" name=mx14>
D<input type="checkbox"  value="D" name=mx14>
E<input type="checkbox"  value="E" name=mx14><p>
<INPUT type=submit  value=交卷>
</form>
</body>
</html>
```

● 表单处理页面 sj12-2c.asp。

```
<!--#include file="conn.asp"-->
<%
dim zcj'总成绩
zcj=0
for i=1 to 5 '共有 5 个判断题
    tjda=Request.Form("pd"&i) '提交的答案
    sql="select*from answer where 题号="&i
    set rs=server.createobject("adodb.recordset")
    rs.open sql,conn,1,1
    if rs("答案")=tjda then
        zcj=zcj+6   '每题 6 分
    end if
next
for i=6 to 10'共有 5 个单选题
    tjda=Request.Form("dx"&i) '提交的答案
    sql="select*from answer where 题号="&i
    set rs=server.createobject("adodb.recordset")
    rs.open sql,conn,1,1
    if rs("答案")=tjda then
        zcj=zcj+6'每题 6 分
    end if
next
for i=11 to 14 '共有 4 个多选题
    tjda=""
    tjcount=Request.form("mx"&i).count '每题实际提交(选择)的数目
    for j=1 to tjcount
        tjda=tjda+Request.Form("mx"&i)(j)   '提交的答案
    next
    '调试用,输出提交的答案 response.write tjda&"<br>"
    sql="select*from answer where 题号="&i'题号字段是数值型(不是字符型)
```

```
    set rs=server.createobject("adodb.recordset")
    rs.open sql,conn,1,1
    if rs("答案")=tjda then '与标准答案比较、评分
        zcj=zcj+10'每题 10 分
    end if
next
Response.write "<script>alert('你的考试成为:"&zcj&"');</script>"
'以下将成绩写入至相应的考生记录——使用 session 变量 ksid 确定要更新的记录集
sql="select*from ks where 准考证号='"&session("ksid")&"'"
set rs=server.createobject("adodb.recordset")
rs.open sql,conn,1,3 '可更新的记录集
rs("成绩")=zcj
rs.update
%>
```

15.4　利用 ADO 实现上传文件

15.4.1　流对象 Stream

流对象 Stream 如同 Connection 对象,在使用前需要创建其实例,使用格式如下:
$$\text{Set 实例名}=\text{Serrer. Create Object("ADODB. Stream")}$$

1. 属性

Stream 对象的类型属性为 Type,Type 属性表示打开文件的类型:1 为二进制文件,2 为文本文件。

2. 方法

1) Open

Open 用于打开数据流。

2) LoadFormFile

LoadFormFile 方法的功能是从文件读取数据到 Stream 对象,并且 Stream 对象原有内容将被清空,用法格式以下:
$$\text{LoadFormFile 源文件}$$

3) SaveToFile

SaveToFile 将 Stream 对象数据保存为文件,使用格式如下:
$$\text{流对象名 SaveToFile Serrer. Mappath(文件名),写入方式参数}$$

其中,第二个参数:1-不允许覆盖,2-覆盖写入。

4) Close

Close 方法的作用是关闭数据流。

15.4.2　文件上传实例

【浏览效果】　访问 http://www.wustwzx.com/webdesign/sj12-3.html,在浏览器窗

口中出现选择要上传文件的对话框,它含于一个表单内,该表单内还有一个"浏览"命令按钮和一个表单提交按钮,如图 15-17 所示。

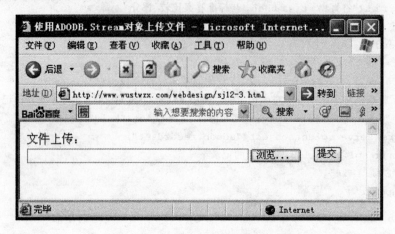

图 15-17　实现文件上传的表单页面

单击"浏览"按钮,可以选择文件。单击"提交"按钮后,执行表单处理程序 sj12-3. asp,实现文件上传至网站根目录,并且以系统年—月—日和时—分—秒的数值作为上传后的目标文件名。

【设计要点】

- 表单的文件选择框(参见 7.2.5 节)。
- VBScript 的字符串处理函数。
- ADO 组件的 Stream 对象提供的三种方法(Ope、LoadFormFile 和 SaveToFile)。

【源代码】　访问 http:∥www. wustwzx. com/webdesign/sy12. html,下载得到源代码。

- 表单页面 sj12-3. html。

```
<html>
<head>
<title>使用 ADODB.Stream 对象上传文件</title>
<title>文件上传</title>
</head>
<body>
<form method="POST" action="sj12-3.asp">
文件上传:<input type="file" name="fn" size="42"> 
<input type="submit" value="提交">
</form>
</body>
</html>
```

- 表单处理页面 sj12-3. asp。

```
<%
dim file,filename,houzui
file=Request.Form("fn")'fn—表单内文件域对象名
```

```
if file="" then
    response.write "<script>alert('请选择要上传的文件!');
    window.location.href='sj12-3.html';</script>"
else
    houzui=mid(file,InStrRev(file,"."))    '截子串
    if houzui=".gif" or houzui=".jpg" or houzui=".bmp" then
     '允许上传的文件类型—后缀
    '以"年—月—日—时—分—秒"数字构造目标文件名,文件扩展名与源文件相同
    filename=year(date) &month(date()) &day(date) &Hour(time) &Minute(time())
&Second(time)&houzui
    Set objStream=Server.CreateObject("ADODB.Stream")    '定义流对象
    objStream.Type=1 '设置 Stream 对象中的数据的类型
    objStream.Open '打开一个 Stream 对象
    objStream.LoadFromFile file '读取源文件方法
    objStream.SaveToFile Server.MapPath(filename),2
'写入目标文件至站点(根)目录方法
    objStream.Close    '关闭流对象
    '此处可插入将文件名写入数据库的代码
    response.write "<script> alert('图片上传成功!');
    window.location.href='upload.html';</script>"
 else
    response.write"<script>alert('不允许上传"& houzui &"的格式!');
    window.location.href='sj12-3.html';</script> "
 end if
end if
%>
```

　　注意：为保证网站安全,上面代码中限定只能传三种图片格式的文件。如果去掉相应的 if 语句,则能传任意格式的文件。

习 题 15

一、判断题（正确用"**A**"表示，错误用"**B**"表示）

1. ADO 组件提供的 Connection 和 RecordSet 对象都是动态对象。

2. ADO 组件是 ASP 提供的内置组件之一。

3. 含有数据库访问的网页属于动态网页。

4. 使用 ADO 组件提供的对象的方法与属性时，其英文字母不必严格大小写。

5. 任何方式创建的记录集都具有 EOF 属性和 MoveNext 方法。

二、选择题

1. 使用 ADO 组件中 Connection 对象连接某个数据库时，不需要的对象或方法是_____。

   A. Server   B. CreateObject   C. MapPath   D. Request

2. 设 Conn 是 Connection 对象的实例，Rs 是由 Conn. Excute() 方法生成的记录集，下列不是 Rs 的属性或方法的是_____。

   A. EOF   B. MoveNext   C. Update   D. BOF

3. 设 Conn 是 Connection 对象的实例，Rs 是 RecordSet 对象的实例，下列属于 Rs 的属性或方法的是_____。

   A. Open   B. PageCount   C. Update   D. 都是

4. 在含有数据库访问的页面中，使用 Connection 对象的_____属性可以输出数据库引擎的名称及版本信息。

   A. ConnectionTimeout   B. Driver

   C. Provider   D. State

5. 使用 Connection 对象的 Execute 方法操作数据库时，其 SQL 命令参数中不能使用的 SQL 命令是_____。

   A. Select   B. Delete   C. Update   D. Insert

三、填空题

1. Connection 对象的 Execute 方法的参数为一条_____命令。

2. 创建 ASP 环境中 ADO 组件中连接对象的实例的方法是：

                    Set Conn＝CreateObject(_____. Connection)

3. 利用 ADO 组件提供的_____对象，可以实现文件上传。

4. 使用 ADO 组件设计数据库访问的页面时，必须先创建_____对象的实例。

5. 使用记录集对象 RecordSet 更新数据库（表）必须使用的方法是_____。

实验 11　ASP 组件的使用与数据库网页开发

(http://www.wustwzx.com/webdesign/sy11.html)

一、实验目的

1. 掌握文件包含的使用方法；
2. 掌握利用 ADO 组件的 Connection 对象和 Server 对象的相关方法连接 Access 数据库的方法；
3. 掌握 Connection 对象的 Execute 方法的两种用法（执行 SQL 特定查询和创建只读记录集）；
4. 掌握记录集对象 RecordSet 的用法，特别是实现分页显示记录集用到的记录集对象的相关属性；
5. 掌握 Request 对象的 QueryString 方法实现带传递参数页面调用的用法；
6. 掌握 Request.form() 的作用——通过表单方式获取客户端提交的数据；
7. 掌握通过 HTML 标记和动态文本的混合编程，实现动态表格的设计方法。

二、实验内容及步骤

【预备】

(1) 访问 http://www.wustwzx.com/webdesign/sy11.html，下载源代码压缩包 SY11.ZIP 并解压至 DW 站点根目录里（注意：因为包含对数据库的访问，所以在解压确定路径时不要带默认的文件夹"sy11"）；

(2) 打开连接数据库 data\cet46.mdb 的辅助文件 conn.asp，查看连接数据库的源代码；

(3) 使用 Access 软件打开位于 data 文件夹里的 cet46.mdb 数据库，再打开其中的 js 表，该表只有一条记录、一个字段（访问次数）。

1. 网站计数器（页面访问次数统计）。

【浏览效果】　访问 http://www.wustwzx.com/webdesign/sj11-1.asp，连续多次按浏览器工具栏的"刷新"按钮，观察访问次数的变化。

【设计要点】　打开站点根目录里的文档 sj11-1.asp，查看如下知识点的代码：

- 文件包含用法。
- 使用 Connection 对象的 Execute 方法执行 SQL 命令，实现对数据库（表）的更新操作的代码。
- 使用 Connection 对象的 Execute 方法执行 SQL 命令，创建只读的记录集的代码。

2. 英语考级报名信息查询——动态表格。

【浏览效果】

- 访问 http://www.wustwzx.com/webdesign/sj12-2.asp，以表格形式显示所有报名人员的信息。

- 访问 http://www.wustwzx.com/webdesign/sj12-2.asp/?jb=6,则只显示报名六级人员的信息。

【设计要点】 打开站点根目录里的文档 sj11-2.asp,查看如下知识点的代码:

- 带参数传递的页面访问方法——Request.QueryString()方法。
- 执行含有变量的 SQL 命令。
- 在服务器端脚本中输出表格——动态表格——ASP 代码与 HTML 代码的混合编程。

3. 英语考级报名信息查询——分页效果。

【浏览效果】 访问 http://www.wustwzx.com/webdesign/sj12-4.asp,分 4 页显示 13 条记录,每页显示 4 条记录,导航栏有访问每个分页的超链接。

【设计要点】 打开站点根目录里的文档 sj11-2.asp,查看如下知识点的代码:

- 使用 RecordSet 对象创建具有分页属性的记录集。
- 带参数传递的超链接设计。

4. 具有表单提交信息的数据库访问。

【浏览效果】 访问 http://www.wustwzx.com/webdesign/sj12-5.html,浏览器窗口中显示一个表单提交页面,供浏览者选择报名级别,提交后以表格形式显示相应的报名信息。

【设计要点】 打开站点根目录里的文档 sj11-5.html 和 sj11-5.asp,查看如下知识点的代码:

- 表单页面调用表单处理程序。
- 设置下拉列表框的 Value 属性。
- 在表单处理程序中获取表单提交的数据——Request.Form()方法。

三、实验小结及思考

(由学生填写,重点写上机中遇到的问题)

综合实验　留言板设计、*在线考试系统设计、*文件上传

(http://www.wustwzx.com/webdesign/sy12.html)

一、实验目的

1. 通过留言簿的设计,掌握使用 Request. QueryString()实现传递参数至被请求页面的用法;
2. 通过在线考试系统的设计,掌握表单元素数组的用法和使用 Session 对象实现在不同页面间传值的用法;
3. 掌握使用 ADO 组件中的 Stream 对象实现文件上传的方法。

二、实验内容及步骤

1. 留言簿设计。
   - 浏览效果:访问 http://www.wustwzx.com/webdesign/sj12-1.asp。
   - 显示留言页面 sj12-1.asp:通过创建只读的记录集,显示留言本里的内容,并有记录导航。此外,含有"我要留言"链接。该页面包含的重要知识点是:带参数传递的页面调用—Request 对象的 QueryString 方法。
   - 发表留言页面 sj12-1a. html—表单页面。
   - 留言处理页面 sj12-1b. asp—实现数据库表更新。包含的重要知识点是:使用 RecordSet 对象创建可更新的记录集、记录集提供的多种方法(修改字段值 |AddNew|Update)。
2. 在线考试系统设计。
   - 浏览效果:访问 http://www.wustwzx.com/webdesign/sj12-2.asp。
   - 预备:打开数据库里的 KS 表,查看准考证号和相应的学号以供登录。
   - 为便于访问表单元素,将表单元素名连续编号,且与题号一致;每个单选题对应一组同名的 Radio 按钮,给服务器只提交一个值;每个多选题对应一组同名的 Checkbox 复选框,可能提交给服务器多个值,相应的元素构成一个数组。
   - 登录页面 sj12-1.asp:如果输入的准考证号正确且与学号匹配,则跳转至答题页面。
   - 答题页面 sj12-1a. html:实质上是表单,表单提交后跳转至表单处理程序。
   - 表单处理程序 sj12-1b. asp:评分、显示考生的考试成绩并将结果写入 KS 表中的成绩字段。
   - 重要知识点:使用 Session 对象,以实现(同一用户)准考证号在不同页面之间的信息共享;表单元素使用 name 和 value 属性。
3. 文件上传。
   - 浏览效果:访问 http://www.wustwzx.com/webdesign/sj12-3.html。

- 选择文件的表单页面 sj12-3. html。
- 上传文件页面 sj12-3. asp—表单处理程序。
- 重要知识点：先设置 Type 属性后使用 Open 方法；读取（加载）源文件方法：LoadFormFile；写入文件方法（至站点根目录）：SaveToFile；关闭方法：Close。

三、实验小结及思考
（由学生填写，重点写上机中遇到的问题）

第16章 网站建设与管理

16.1 网站规划

网站规划是指在网站建设前对市场进行分析、确定网站的目的和功能,并根据需要对网站建设中的技术、内容、费用、测试、维护等做出规划。网站规划对网站建设起到计划和指导的作用,对网站的内容和维护起到定位作用。网站规划书应包含的内容如下。

1. 建设网站前的市场分析

对相关行业的市场进行分析,利用网站提升竞争力。

2. 建设网站的目的及功能定位

整合公司资源,根据公司的需要和计划,确定网站的功能和类型,网站可分为以下几种类型。

- 产品宣传型;
- 网上营销型;
- 客户服务型;
- 电子商务型。

3. 网站技术解决方案

根据网站的功能确定网站技术解决方案:是采用自建服务器,还是租用虚拟主机。选择操作系统,用 Unix、Linux 还是 Window XP/NT。分析投入成本、功能、开发、稳定性和安全性等。网站安全性措施,防黑、防病毒方案。选择相关程序开发,如 ASP、JSP、CGI、数据库程序等。

4. 网站内容规划

1) 规划网站内容

根据网站的目的和功能规划网站内容。一般企业网站应包括:公司简介、产品介绍、服务内容、价格信息、联系方式、网上定单等基本内容。电子商务类网站要提供会员注册、详细的商品服务信息、信息搜索查询、定单确认、付款、个人信息保密措施、相关帮助等。

2) 确定网站的逻辑结构图

网站的逻辑结构图指的是网页间的链接结构,就是由网页内部链接所形成的逻辑关系图。设计网站时,网站的每个网页上必须设计有导航结构,使网站访问者能够方便地找到所需内容,并确保网站访问者始终知道他们在网站内的位置,使访问者能够自如地在各页面之间浏览。

网站的导航结构有多种,如顺序结构、树状结构、网状结构等,比较好的情况是网站的逻辑结构与目录结构相吻合。

5. 网页设计

网页美术设计一般要与企业整体形象一致,要符合 CI(Corporate Identiry,即企业视觉形象识别)规范。要注意网页色彩、图片的应用及版面规划,保持网页的整体一致性。

栏目是一个网站的大纲索引。在制订栏目的时候,应该遵循以下原则。

(1)网站栏目的划分应该紧扣网站主题,将主题按一定的方法分类并将它们作为网站的主栏目,主栏目应该放置于网站主页的醒目位置。

(2)对于经常更新的内容可以设置一个"最新更新"栏目,方便经常访问的用户。

(3)如果网站栏目较多,设计层次较深,可以使用"站点地图"等形式帮助用户浏览。即使网站栏目再多,也不要将栏目的层次设计得太深,最多不要超过 7 层。经验表明,如果用户点击超过 7 次以上还找不到自己想找的内容,大多会感到厌倦而放弃查找。

(4)如果想了解用户对网站的满意程度,可以设置论坛、留言簿、投票、管理员信箱等栏目。根据用户的反馈情况还可以删除与主题无关的栏目,改进浏览量少的栏目。

6. 网站维护

对服务器及相关软硬件的维护,数据库维护,网站内容的更新、调整等。

7. 网站测试

网站发布前要进行细致周密的测试,主要测试服务器稳定性和安全性、程序及数据库测试、网页兼容性测试,如浏览器、显示器等。

8. 网站发布与推广

网站测试后进行发布的公关和广告活动,搜索引擎登记等。

16.2 建立服务站点

Web 服务器又被称为 WWW 服务器,它在网络中是为实现信息发布、资料查询、数据处理等诸多应用搭建基本平台的服务器。Web 服务器既有使用 Windows 平台,也有使用 Unix 和 Linux 平台。在选择使用 Web 服务器时应考虑的本身特性因素有:性能、安全性、日志和统计、虚拟主机、代理服务器、缓冲服务和集成应用程序等,下面介绍几种常用的 Web 服务器。

1. Microsoft IIS

Microsoft 的 Web 服务器产品为 Internet Information Server(简称 IIS),IIS 是允许在公共 Intranet 或 Internet 上发布信息的 Web 服务器。IIS 是目前最流行的 Web 服务器产品之一,很多著名的网站都是建立在 IIS 的平台上。IIS 提供了一个图形界面的管理工具,称为 Internet 服务管理器,可用于监视配置和控制 Internet 服务。

IIS 提供一种 Web 服务组件,其中包括 Web 服务器、FTP 服务器、NNTP 服务器和 SMTP 服务器,分别用于网页浏览、文件传输、新闻服务和邮件发送等方面,它使得在网络(包括互联网和局域网)上发布信息成了一件很容易的事。它提供 ISAPI(Intranet Server API)作为扩展 Web 服务器功能的编程接口;同时,它还提供一个 Internet 数据库连接器,可以实现对数据库的查询和更新。

2．IBM WebSphere

WebSphere Application Server 是一种功能完善、开放的 Web 应用程序服务器,是 IBM 电子商务计划的核心部分,它是基于 Java 的应用环境,用于建立、部署和管理 Internet 和 Intranet 的 Web 应用程序。这一整套产品进行了扩展,以适应 Web 应用程序服务器的需要,范围从简单到高级直到企业级。

WebSphere 针对以 Web 为中心的开发人员,他们都是在基本 HTTP 服务器和 CGI 编程技术上成长起来的。IBM 将提供 WebSphere 产品系列,通过提供综合资源、可重复使用的组件、功能强大并易于使用的工具,以及支持 HTTP 和 IIOP 通信的可伸缩运行环境,来帮助这些用户从简单的 Web 应用程序转移到电子商务世界。

3．BEA WebLogic

BEA WebLogic Server 是一种多功能、基于标准的 Web 应用服务器,为企业构建自己的应用提供了坚实的基础。各种应用开发、部署所有关键性的任务,无论是集成各种系统和数据库,还是提交服务、跨 Internet 协作,起始点都是 BEA WebLogic Server。由于它具有全面的功能、对开放标准的遵从性、多层架构、支持基于组件的开发,基于 Internet 的企业都选择它来开发、部署最佳的应用。

BEA WebLogic Server 在使应用服务器成为企业应用架构的基础方面继续处于领先地位。BEA WebLogic Server 为构建集成化的企业级应用提供了稳固的基础,它们以 Internet 的容量和速度,在连网的企业之间共享信息、提交服务,实现协作自动化。

4．Apache

Apache 仍然是世界上用的最多的 Web 服务器,市场占有率达 60％左右。它源于 NCSAhttpd 服务器,当 NCSA WWW 服务器项目停止后,那些使用 NCSA WWW 服务器的人们开始交换用于此服务器的补丁,这也是 Apache 名称的由来(pache 补丁)。世界上很多著名的网站都是 Apache 的产物,它的成功之处主要在于它的源代码开放、有一支开放的开发队伍、支持跨平台的应用(可以运行在几乎所有的 Unix、Windows、Linux 系统平台上)以及它的可移植性等方面。

5．Tomcat

Tomcat 是一个开放源代码、运行 servlet 和 JSP Web 应用软件的基于 Java 的 Web 应用软件容器。Tomcat Server 是根据 servlet 和 JSP 规范进行执行的,因此就可以说 Tomcat Server 也实行了 Apache-Jakarta 规范且比绝大多数商业应用软件服务器要好。

Tomcat 是 Java Servlet 2．2 和 JavaServer Pages 1．1 技术的标准实现,是基于 Apache 许可证下开发的自由软件。Tomcat 是完全重写的 Servlet API 2．2 和 JSP 1．1 兼容的 Servlet/JSP 容器。Tomcat 使用了 JServ 的一些代码,特别是 Apache 服务适配器。随着 Catalina Servlet 引擎的出现,Tomcat 第四版号的性能得到提升,使得它成为一个值得考虑的 Servlet/JSP 容器,因此目前许多 Web 服务器都是采用 Tomcat。

16.3　发布网站

网站的发布包括申请域名、租用主机、网站文件上传、域名解析到主机、主机绑定域名等环节，以便用户能够在浏览器中输入域名访问到网站。

16.3.1　申请域名

首先选择一家提供域名注册的服务机构（例如 http://www.jisudata.net，厦门翼讯科技有限公司），注册一个.com 域名，域名还可以是.cn、.net、.cc 等。

注册域名时需要填写拥有者的相关信息，同时需要一定的费用。

16.3.2　租用主机与免费空间

1. 租用主机

一般情况下，根据网站规模可以选择独立主机或者虚拟主机。大规模的网站选择独立主机，一般规模的网站选择虚拟主机。

独立主机只供一个网站使用。虚拟主机是将服务器的硬盘划分为多个部分，每一个部分放置一个站点，即多个网站共用一台主机。显然，租用独立主机的费用比虚拟主机高。

选择一家提供租用主机的服务商（例如 http://www.jisudata.net，厦门翼讯科技有限公司）申请租用主机。主机申请完成后，服务商会提供登录主机的 FTP 账号、密码和主机的 IP 地址。

注意：主机申请时需要了解清楚自己开发的网站是使用什么脚本，不同的主机支持的脚本不一样，有的主机只支持 ASP，有的主机只支持 PHP。

2. 免费空间

免费空间是在网络服务器上划分出一定的磁盘空间供用户放置站点、应用组件等，提供必要的站点功能与数据存放、传输功能。免费空间一般都是二级域名，无需备案即可直接使用。

16.3.3　主机备案

国家信息产业部为了加强对不良的互联网信息的管理，对网站实行备案制度，主机需备案成功后才能捆绑域名。或者说，主机捆绑域名前需要备案号。

显然，备案就是建立主机与域名之间的关联。

一般主机租用服务提供商代办备案。主机拥有者在主机上提出备案申请后，由代办商初审后再到信息产业管理机构审查，一般需要 20 个工作日审核发放备案号。

16.3.4　解析域名

域名解析就是将域名指向网站主机的 IP 地址，以便通过域名访问网站。域名解析工作是在由域名服务提供商提供的域名管理平台上完成的。

16.3.5　绑定主机

绑定主机就是接受域名的指向，在由主机租用服务提供商提供的主机管理平台上完成。绑定国内主机域名需要有备案号。

16.4　上传网站与上传软件

16.4.1　上传网站

上传网站，就是通过软件把网页文件（含素材文件）从自己的电脑传输到网站服务器上，用户才能浏览你的网页，也才能发现网站是否有问题。上传网站有多种形式，常用的方式主要有：

- 对于拥有自己的服务器的公司或企业，可以利用磁盘、网络共享文件等形式将网站开发的成果或用到的素材直接复制到服务器上的相应目录下，或直接在服务器上制作完成。
- 使用专业的上传工具软件——CuteFTP Pro，从本地传送到网站服务器。

16.4.2　软件 CuteFTP Pro 的使用

上传网站的方式有多种，这里只介绍最常用的工具软件 CuteFTP Pro。CuteFTP Pro 是一个全新的 FTP 客户端程序，其加强的文件传输系统能够完全满足当今的应用需求。

运行 CuteFTP 软件后，先要进行用户登录，此时要输入主机名、用户名及密码、端口等；输入端口的文本框的右边是"连接"按钮，在输入完上面四项后使用；CuteFTP 的操作主界面如图 16-1 所示。

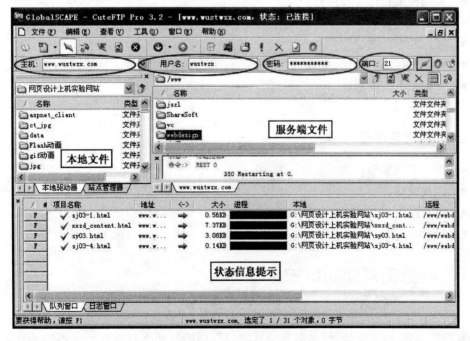

图 16-1　CuteFTP 操作主界面

● 软件窗口中含有三大区域：即本地文件列表区、FTP 服务器端文件列表区和状态信息提示区。

● FTP 账户名和密码也是 FTP 提供商为其用户提供的连接账号。正确输入主机名、用户名、登录、端口号并单击"端口"文本框右边的"连接"按钮，登录成功后才能出现本地文件和服务器端文件。

● 文件上传与下载：选中本地区域中的文件（夹），在鼠标右键出现的快捷菜单中选择"复制"，然后"粘贴"到服务端区域中，即实现文件上传。同样地，选中服务端区域中的文件（夹），在鼠标右键出现的快捷菜单中选择"复制"，然后"粘贴"到本地区域中，即实现文件下载。

注意：使用 CuteFTP 时的一些操作技巧。

（1）以后再次启动相同连接，只需要在图 16-1 主机的下拉列表框中选择 FTP 主机域名，然后单击连接按钮即可自动登录到 FTP 服务器，而不必再次输入用户名和密码。

（2）双击本地区域或服务器端区域中的文件（夹），会自动复制到相反的区域中。

（3）经常使用右键快捷菜单，实现想要的功能。

16.5 网站的宣传与推广

如果希望有许多链接指向你的网站，就需要反链接，还需要长久地登录在文件夹和搜索引擎数据库中，这样可以扩大你的网站的知名度，开展多种活动。

16.5.1 传统的推广手段

● 利用传统媒体发布广告。
● 策划宣传活动。
● 利用原有资源。
● 印制宣传品。
● 在商品上印制网址。
● 发布新闻。

16.5.2 利用网络媒体推广

● 搜索引擎策略。
● 链接策略。
● 付费广告。
● E-mail 策略。

16.6 网站的管理和维护

一个网站建设完毕并不意味着网站工作的结束，还需进行网站维护与管理工作，这包括丰富网站内容、网页更新、网站的安全管理和数据的后期维护等。一个内容丰富、日新月异的网站才会受到欢迎。

16.6.1　网站服务器设备的管理维护

1. 网站的软硬件维护

包括对服务器、操作系统、数据库连接线路等的维护，以确保网站 24 小时不间断正常运行。操作系统本身已经提供了复杂的安全策略措施，充分利用这些安全策略，可以大大降低系统被攻击的可能性和伤害程度。

2. 网站内容的更新

一个好的网站需要定期或不定期地更新内容，才能不断地吸引更多的浏览者，增加访问量。

16.6.2　网站性能的优化

网站性能的优化是一个综合问题，涉及到服务器的配置和网站前后端程序等各个方面。服务器配置有多台主机负载均衡，查询结果的多级缓存，数据库索引优化等常见的优化手段。

1. 前端优化

前端优化可以避免服务器和带宽资源浪费，具体有下面几个方面。

* 减少一个页面访问所产生的 http 连接次数。
* 使用 gzip 压缩网页内容。
* 将 CSS 放在页面顶端，JS 文件放在页面底端。
* 使 JS 文件内容最小化。
* 尽量减少外部脚本的使用，减少 DNS 查询时间。

2. 后端优化

后端优化是指后端软件处理并行请求的能力、程序运行的效率、硬件性能以及系统的可扩展性。

16.6.3　日志分析

网站服务器日志记录了 Web 服务器接收处理请求以及运行时错误等各种原始信息。通过对日志进行统计、分析、综合，就能有效地掌握服务器的运行状况及网站内容的受访问情况，发现和排除错误原因，了解客户访问分布等，更好地加强网站系统的维护和管理。

右击"默认 Web 站点"，在弹出的菜单中选"属性"，弹出对话框，如图 16-2 所示。选择【Web 站点】选项卡，启动日志记录及日志格式，此时如果选中【启用日志记录】（默认为启动）复选框，系统将会启用 Web 站点的日志记录功能。该功能可记录用户活动的细节并以所选择的格式创建日志。活动日志格式有 3 种，分别为 Microsoft IIS 日志文件格式、NCSA 公用日志文件格式及 W3C 扩充日志文件格式。

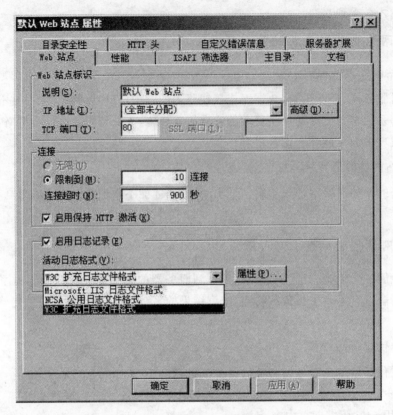

图 16-2　默认 Web 站点属性

Web 日志在默认情况下每天生成一个后缀为 log 的日志文件，它包含了该日的一切记录，如图 16-3 所示。如果使用默认的 W3C 扩充日志文件格式存放日志，文件名通常为 ex(年份)(月份)(日期)。

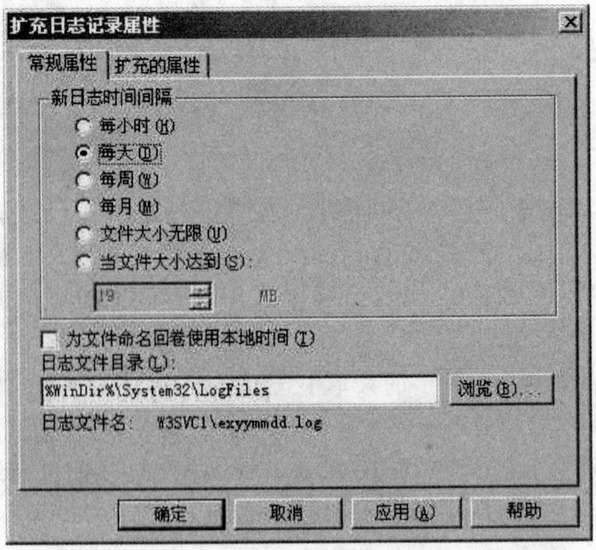

图 16-3　扩展日志记录属性

16.6.4　网站的管理

1. 网站管理的目标与内容

（1）Web 体系内部网络畅通无阻，IT 架构各部分保持正常稳定运行，这是保证 Web 高质量应用及服务的前提条件。

（2）Web 应用服务能够通过广域网和公用互联网迅速而正确地传递给用户，这是 Web 高质量应用及服务的关键。

2. 网站维护的主要内容

- 对留言簿进行维护。
- 对客户的电子邮件进行维护。
- 维护投票调查的程序。
- 对 BBS 进行维护。
- 对顾客意见的处理。
- 电子邮件列表。

3. 网页的更新与检查

- 专人专门维护新闻栏目。
- 时常检查相关链接。

通过测试软件对网站所有的网页链接进行测试，看是否能连通，最好是自己亲自浏览，这样才能发现问题。尤其是网站导航栏目，可能经常出问题；也可以在网页上显示"如有链接错误，请指出"等字样。因此，在网页正常运行期间也要经常使用浏览器查看测试页面，查缺补漏，精益求精。

4. 网页布局更新

1）网页布局类型

网页布局大致可分为"国"字型、拐角型、标题正文型、左右框架型、上下框架型、综合框架型、封面型、Flash 型、变化型。

2）网页布局要适时更新

对首页的更新是所有更新工作中最重要的，因为人们很重视第一印象，对首页的更新宜采用重新制作，不过对于网站的 CI 是不能变动的。

其他页面的更新，可采用更新模板、资源库和 CSS 的方法。

5. 网站升级

- 网站应用程序升级。
- 网站后台数据库升级。
- 服务器软件的升级。
- 操作系统的升级。

在以上的各种升级中，为了保证 Web 服务正常提供，每次升级前应提醒用户，并且在访问量低的时间内升级，从而最大限度地减少因升级带来的危害。

习　题　16

一、判断题

1. 网站,通常又称做站点。

2. CuteFTP 是一种基于 WWW 的数据交换软件。

3. 互联网上作为服务器的主机可以不是固定的 IP 地址。

4. 用 FTP 上传文件时,必须对远程服务器具有写权限。

5. Web 服务器具有 WWW、FTP、E-mail 等功能。

二、选择题

1. FTP 服务器默认打开的端口号是_____。
   A. 80　　　　　　B. 8080　　　　　　C. 25　　　　　　D. 21

2. 大型门户网站一般选择的网站硬件平台是_____。
   A. 专用服务器　　B. 服务器托管　　C. 租用主机　　　D. 免费空间

3. 由 IIS 提供的服务有_____。
   A. WWW 服务　　B. FTP　　　　C. STMP 邮件服务　D. 都是

4. 使用 CuteFTP 软件上传文件,需要输入_____。
   A. FTP 主机的 IP 地址或域名　　　B. FTP 账号及密码
   C. 主机使用的端口　　　　　　　　D. 都需要

5. 文件上传进度出现在 CuteFTP 软件窗口的_____中。
   A. 用户登录区　　　　　　　　　B. 本地文件列表区
   C. 服务器端文件列表区　　　　　D. 状态信息提示区

三、填空题

1. 网站设计基本流程是_____。

2. 网站发布前一般做的两项工作是_____和租用主机。

3. 网站的主机类型可分为独立主机和_____主机两类。

4. 目前,网站的网络媒体推广方式最常用的是_____策略。

5. 把自己的专用服务器委托给别人代管的网站硬件平台是_____,对于规模不大的个人网站可以考虑选择的网络硬件平台是_____。

附录一　在线测试

　　为方便学生练习,本书设计了三套测试题,第一套对应于上篇七章的内容;第二套对应于中篇四章的内容;第三套对应于下篇五章的内容。这三套题都是分为判断题、单选题和多选题三种题型共提交后能立即计算并显示答题者的成绩。其中,判断题共 15 题,每小题 2 分,共 30 分;单选题共 20 题,每小题 2 分,共 40 分;多选题共 10 题,每小题 3 分,共 30 分。读者使用各套题的方法如下:

- 上篇:访问 http://www.wustwzx.com/webdesign/zxcs1.html;
- 中篇:访问 http://www.wustwzx.com/webdesign/zxcs2.html;
- 下篇:访问 http://www.wustwzx.com/webdesign/zxcs3.html。

附录二 实验报告

  在完成某个阶段的学习后,要写一次综合性的实验报告。本书共设计了三次实验报告,第一次实验报告对应于上篇七章的内容;第二次实验报告对应于中篇四章的内容;第三次实验报告对应于下篇五章的内容。

  每次实验报告都是前面若干次实验的综合,它包含了实验目的、实验内容及步骤和实验小结共三个部分,其中实验目的是事先确定了的,只有实验步骤和实验小结要求学生填写。学生可以将实验报告的文本事先打印出来,以供在实验前分析和思考。三次实验报告文本的下载方法如下:

- 上篇:访问 http://www.wustwzx.com/webdesign/sybg1.html;
- 中篇:访问 http://www.wustwzx.com/webdesign/sybg2.html;
- 下篇:访问 http://www.wustwzx.com/webdesign/sybg3.html。

附录三　模拟试卷及参考答案

(http://www.wustwzx.com/webdesign/exam&answer.doc)

本课程在不同的学校有不同的考核方式,一般有两种。其一是使用传统的出试卷的方式;另一种是提交设计的方式。本处提供的模拟试卷及参考答案供前者使用。

- 模拟试卷

一、单项选择题(共 15 小题,每题 1 分,共 15 分)

1. 加粗文本的 HTML 标记是_____。
   A. <title>　　　　　B.
　　　　　C. <p>　　　　　D. <b>

2. 标识一个 HTML 文件,应该使用的 HTML 标记是_____。
   A. <title></title>　　　　　　　B. <boby></body>
   C. <html></html>　　　　　　　D. <caption></caption>

3. 利用 Dreamweaver 的_____面板,可以方便地对页面中的文字或图像做超链接。
   A. 样式　　　　　B. 文件　　　　　C. 属性　　　　　D. 行为

4. 客户端默认的脚本语言是_____。
   A. VBScript　　　　　　　　　　B. JavaScript
   C. ASPVBScript　　　　　　　　D. ASP. NETC♯

5. 下列方法中,不是由 Window 对象提供的方法是_____。
   A. Alert　　　　B. CreateObject　　　C. setInterval　　　D. setTimeout

6. 下列不是网页文件扩展名的是_____。
   A. HTML　　　　B. ASP　　　　C. CSS　　　　D. ASPX

7. 浏览器对象模型中,提供当前页面 URL 信息的对象是_____。
   A. Window　　　　B. Location　　　　C. History　　　　D. Document

8. 下面关于表单的说法中,错误的是_____。
   A. 按钮分为 button 和 submit 两种类型
   B. 表单的服务器端处理程序通过 action 属性指定
   C. 定义文本框、单选按钮、复选框和命令按钮所使用的 HTML 标记名各不相同
   D. 提交(sunmit)按钮只能在表单中使用

9. 利用<marquee>标记实现文字向上滚动效果,必须使用该标记的_____属性。
   A. width　　　　B. direction　　　　C. scrollamount　　　D. style

10. 产生随机数方法是 JavaScript 内置对象_____提供的。
    A. 日期对象 Date　　　　　　　B. 数学对象 Math
    C. 字符串对象 String　　　　　D. 数组对象 Array

11. 获取客户端通过表单提交的信息,应使用_____方法。

  A. Request. ServerVariables()   B. Request. QueryString()

  C. Request. form()   D. Response. form()

12. 在服务端脚本中,向客户端输出信息,应使用 ASP 的_____对象。

  A. Response   B. Server   C. Request   D. Application

13. 在连接数据库的连接字符串中,获得数据库的绝对路径是使用了_____对象的 MapPath()方法。

  A. Server   B. Request   C. Response   D. Connection

14. 设姓名是记录集 rs 中的字段,则输出该字段值的正确方法是_____。

  A. <%＝rs(姓名)%>   B. <%＝rs("姓名")%>

  C. <%Response. Writers(姓名)%> D. <%Response. Write"姓名"%>

15. ASP 中,产生页面跳转的方法是_____。

  A. Request   B. Location   C. ReDirect   D. Response

二、判断题(对者填"A",错误填"B";共 10 小题,每题 1 分,共 10 分)

16. ( )插入图像标记不是成对出现的标记。

17. ( )href 属性是通过<A>标记做超链接时必须使用的属性。

18. ( )页面中可以包含文本、列表、图像、表单等对象,但不能包含声音对象。

19. ( )在脚本中访问文本框里的内容就是访问文本框的 value 属性值。

20. ( )使用成对标记<span>和 class 属性对指定的文本应用 CSS 点样式。

21. ( )定义对象的 HTML 标记里只能定义其属性,不能定义该对象的事件。

22. ( )<img>标记能插入 jpg 图像和 gif 动画,但不能插入 swf 格式的动画。

23. ( )CSS 内联样式是通过<style>标记对页面元素应用样式。

24. ( )CSS 样式文件中定义的样式可以为多个网页共享利用。

25. ( )Submit 类型的提交按钮只能在表单里使用。

三、填空题(共 10 小题,每题 2 分,共 20 分)

26. 定义了点(.)样式后,页面元素(如图像、文本框等)可以通过使用_____属性应用该样式。

27. 在 Dreamweaver 编辑状态下,若要查看页面效果,可使用的快捷键是_____。

28. 页面元素引用样式的定义包含在 HTML 文档头部的成对标记_____内。

29. 通常,客户端脚本必须位于成对标记_____内。

30. 使用 JavaScript 提供的内置动态对象前应使用运算符_____创建一个实例。

31. 使用 wmode 属性可以透明 Flash 的背景,其对应的属性值为_____。

32. JavaScript 数组的下标是从_____开始编号的。

33. 在表单中指定本表单处理程序是通过_____属性完成的。

34. 在 JavaScript 中,向页面输出信息是通过使用 Document 对象的_____方法实现的。

35. 网页可分为静态页和_____页两种。

四、多选题(共 5 小题,每题 3 分,共 15 分。注意:多选或少选均不得分!)

36. 关于表格,下列说法中正确的是_____。

　　A. 利用表格,可以实现网页元素的定位

　　B. 单元格内容的水平居中和垂直居中对应的属性值都是"center"

　　C. 单元格里的内容可以是文本,但不能是图像

　　D. 通过设定表格的属性 border="0",可以实现浏览时不显示表格线条

　　E. 单元格内可以通过 background 属性引入背景图片

37. 下列关于<Span>和<Div>标记使用的说法中,正确的是_____。

　　A. 都能通过使用 class 属性对特定的文本应用 CSS 点样式

　　B. 都是成对标记

　　C. <Span>标记不会对文本产生换行,而<Div>会对文本产生换行

　　D. <Div>标记不会对文本产生换行,而<Span>会对文本产生换行

　　E. <Div>标记还可以定义一个层

38. 下列说法中,正确的是_____。

　　A. JavaScript 是客户端脚本中默认使用的语言

　　B. JavaScript 是一种基于对象的脚本语言

　　C. HTML 文档中处理事件的代码包含在脚本中

　　D. 脚本能实现页面的交互效果与动态效果

　　E. 所有脚本(包括服务器脚本)都在客户端运行

39. 下列属于 Request 对象提供的方法是_____。

　　A. QueryString　　　　　　B. Write　　　　　　C. Form

　　D. ServerVariables　　　　E. Recieve

40. 使用 Request. form()方法访问表单里的文本框、下拉列表框等元素时,这些表单元素定义时通常应使用_____属性。

　　A. name　　　　　　　　　B. size　　　　　　　C. width

　　D. length　　　　　　　　　E. value

五、简答题(共 2 题,每题 10 分,共 20 分)

41. 运行对象的 PEM 模型,结合下面页面的浏览效果,说明如何引入 JavaScript 脚本实现网页的交互效果?

```
<html>
<head>
<title>if 语句实现选择结构用法示例</title>
<script>
    function mm()
    {
        if(jgk.value==2500)    //双等号是关系运算符
            document.write("Right! You are clever!");
        else
```

```
                    alert("Error!,Please calculate again!");
        }
</script>
</head>
<body>
<input type="text" value="1+3+5+...+99" size=15>=
<input type="text" name="jgk" size=16 value="请在这儿输入答案"
onFocus="this.value=''" onChange="mm()">
</body>
</html>
```

42. 简述 CSS 样式的三种用法的区别。

六、综合填空题(共有 5 个空,每空 4 分,共 20 分)

请完成下面留言板设计中的 5 个空。

(1) 显示留言(BOOK_XS. ASP)效果及代码如下:

```
<%
  set conn=server.createobject("adodb.connection")
  conn.open "driver={microsoft access driver (*.mdb)};dbq="&server.mappath
("data/cet46.mdb")
  sql="select*from lyb order by time desc" 'time 是表 lyb 的一个字段
  set rs=server.createobject("adodb.【43】")
  rs.open sql,conn,1,1
  %>
<style type="text/css">
.bt {font-size:14px;font-weight:normal;color:red;}
td {font-size:16px;font-weight:bolder;color:#FF0066;line-height:20px;}
</style>
<table border="1" width=720><!--显示留言代码开始-->
<caption>留言板<a href="book_tj.asp">我要留言</a></caption>
```

```
<%
page=request.【44】("page")　'获得请求本页面时指定的页
if page=0 then page=1'初次进入本页面时设定为显示第一页
rs.PageSize=4　'设置每页显示的记录数
pages=rs.pagecount
rs.【45】=page　'记录指针定位到该页首部
for i=1 to rs.PageSize'输出该页的全部记录
%>
   <tr><td><span class="bt">留言者:</span><%=Rs("name")%><span class=
"bt">性别:</span><%=Rs("sex")%><span class="bt">留言时间:</span><%=Rs
("time")%></td>
   </tr>
   <tr><td><span class="bt">留言内容:</span><%=Rs("cont")%></td>
   </tr><tr><td>---</td></tr>
<%
   rs.movenext
   if rs.eof then exit for '跳出循环
   next %>
   <tr><td bgcolor="f5f5f5"><div align="right">共<%=rs.recordcount%>条记
录 当前页:<%=page%>共<%=rs.pagecount%>页选择:
      <%for i=1 to rs.pagecount%>
       <a href="book_xs.asp?page=<%=i%>"><%=i%></a>
      <%next%></div></td></tr>
</table>
```

（2）提交留言（BOOK_TJ.html）效果及代码如下：

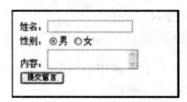

```
<form name="form1" method="post"【46】="book_cl.asp"><!--指定表单处理程序-->
   <table border="0">
      <tr><td> 姓名:<input type="text" name="name"></td></tr>
      <tr><td>性别:<input type="radio" value="男" name="sex" checked>男
'定义单选按钮
                    <input type="radio" value="女" name="sex">女</td></tr>
'定义单选按钮
      <tr><td>内容:<textarea name="cont"></textarea></td></tr>
      <tr><td><input type="submit" value="提交留言"></td></tr>
   </table>
</form>
```

（3）处理留言（BOOK_CL.ASP）代码如下：

```
<%
set conn=server.createobject("adodb.connection")
'创建一个 Connection 对象实例
conn.open "driver={microsoft access driver (*.mdb)};dbq="&server.mappath
("data/cet46.mdb")
if request.Form("name")="" or request.Form("cont")="" then
  response.write "<script>alert('对不起,你的姓名或是留言内容还未输入!');
history.back();</script> "
  response.end()
end if
sql="select * from lyb"  'lyb 是 cet46 库中的表,记录留言信息
set rs=server.createobject("adodb.recordset")  '使用 RecordSet 对象
rs.open sql,conn,1,3  '创建可更新的记录集
rs.addnew  '插入一条空记录
rs("name")=request.Form("name")
rs("sex")=request.Form("sex")
rs("cont")=request.Form("cont")
rs.【47】  '更新记录
response.write "<script>alert('留言提交成功!');location.href='book_xs.asp'
</script> "
'调用客户端脚本
%>
```

● 参考答案及评分标准

一、单项选择题（每小题 1 分，共 15 分）

1~5:DCCBB   6~10:CBCBB   11~15:CAABC

二、判断题（每小题 1 分，共 10 分。其中 A—正确，B—错误）

16~20:AABAA   21~25:BABAA

三、填空题（每小题 2 分，共 20 分）

26. class 27. F12 28. <style> 29. <script> 30. new
31. transparent 32. 0 33. action 34. write 35. 动态

四、多选题（每小题 3 分，共 15 分。注意：多选或少选均不得分）

36. ADE 37. ABCE 38. ABCD 39. ACD 40. AE

五、简答题（每题 10 分，共 20 分）

41. 答：

a)该页面中的第二个文本框用于接受操作者答题；（2 分）

b)定义了第二个文本框（对象）OnFocus 事件，当用户鼠标激活该文本框时，文本框

清空,这就是一种交互效果;(3分)

c)还定义了该对象的 OnChange 事件,事件响应代码含于脚本中的 mm()函数内,mm()函数(方法)根据操作者的作答给出相应的提示,从而实现了网页的交互效果。(5分)

42. 答:CSS 样式都由若干样式属性"名:值"对组成,三种使用方法的差别如下:

a)内联样式定义在 style 属性值内,只应用于本对象;(4分)

b)CSS 内部样式通过<style>成对标记定义,有样式名称,页面中的多个元素(对象)均可按样式名称引用该样式;(4分)

c)外部样式定义在一个扩展名为 CSS 的文件中,在网页文件引用该样式文件中的样式前应先使用<Link>标记链接该文件。(2分)

六、程序填空(共有 5 个空,每空 4 分,共 20 分)

43. RecordSet

44. QueryString

45. AbsolutePage

46. Action

47. Update

习 题 答 案

习 题 1

一、判断题（正确用"A"表示，错误用"B"表示）

1～6：AABBAB

二、选择题

1～5：ABCAC

三、填空题

1. 结束   2. 动态   3. 查看   4. keywords   5. F8

6. 相对   7. 主   8. 根

习 题 2

一、判断题（正确用"A"表示，错误用"B"表示）

1～6：AABBBB

二、选择题

1～5：CDCCD

三、填空题

1. title   2. valign   3. background   4. id   5. filter   6. type   7. 伪类（或超链接）

习 题 3

一、判断题（正确用"A"表示，错误用"B"表示）

1～5：AAABA

二、选择题

1～5：ABCDC

三、填空题

1. target   2. href   3. 行为   4. mailto：   5. 超链接

习 题 4

一、判断题（正确用"A"表示，错误用"B"表示）

1～5：ABAAA

二、选择题

1～5：CADDD

三、填空题

1. border　2. valign　3. background　4. ＜caption＞　5. 百分比　6. border

习　题　5

一、判断题（正确用"A"表示，错误用"B"表示）

1～5：AAAAA

二、选择题

1～5：DCDAD

三、填空题

1. transparent　2. height　3. src　4. Loop

习　题　6

一、判断题（正确用"A"表示，错误用"B"表示）

1～5：AAAAA

二、选择题

1～3：CCC

三、填空题

1. Shist＋F2　2. 框架　3. left　4. target　5. ＜center＞

习　题　7

一、判断题（正确用"A"表示，错误用"B"表示）

1～5：ABABA

二、选择题

1～6：CCDDAC

三、填空题

1. password　2. get　3. value　4. checked　5. selected

习　题　8

一、判断题（正确用"A"表示，错误用"B"表示）

1～5：AABAA　6～9：ABBA

二、选择题

1～5：DCDAD

三、填空题

1. 客户端　2. 方法　3. Window　4. 查看　5. 对象名.属性名　6. 循环　7. 外部

习　题　9

一、判断题（正确用"A"表示，错误用"B"表示）

1～5：BABAB

二、选择题

1～5：DDCCC

三、填空题

1. 对象　2. 0　3. Window　4. Math　5. length　6. indexOf()

习　题　10

一、判断题（正确用"A"表示，错误用"B"表示）

1～5：AAAAB

二、选择题

1～5：DDAAC

三、填空题

1. Document　2. location　3. alert()　4. prompt()　5. navigator. appName

习　题　11

一、判断题（正确用"A"表示，错误用"B"表示）

1～5：ABBBA

二、选择题

1～4：ADAA

三、填空题

1. apply()　2. visibility　3. transition　4. 动态

习　题　12

一、判断题（正确用"A"表示，错误用"B"表示）

1～5：BABAA

二、选择题

1～5：DCADB

三、填空题

1. 虚拟　2. ＜％和％＞　3. 主目录 4. c:\Inetpub\wwwroot　5. 站点

习　题　13

一、判断题（正确用"A"表示，错误用"B"表示）
1～6：ABAAAB
二、选择题
1～5：DBADC
三、填空题
1．♯　2．Minute　3．＋　4．d　5．Set

习　题　14

一、判断题（正确用"A"表示，错误用"B"表示）
1～5：BABBA
二、选择题
1～5：BACDA
三、填空题
1．post　2．QueryString　3．Response　4．Request　5．Remote_Addr

习　题　15

一、判断题（正确用"A"表示，错误用"B"表示）
1～5：AAAAA
二、选择题
1～5：DCDCA
三、填空题
1．SQL 命令　2．ADODB　3．Stream　4．Connection 或连接　5．Update

习　题　16

一、判断题（正确用"A"表示，错误用"B"表示）
1～5：ABAAA
二、选择题
1～5：DADDD
三、填空题
1．网站策划、网站设计、网站制作、网站测试、域名和空间购买、网站上传
2．申请域名　3．虚拟　4．搜索引擎　5．服务器托管,租用主机或免费空间

参 考 文 献

1. 李春葆等编著.2009.ASP 动态网页设计—基于 Access 数据库.北京:清华大学出版社
2. 赵丰年编著.2009.网页制作教程(第三版).北京:人民邮电出版社
3. 莫治雄等编著.2007.网页设计实训教程(第 2 版).北京:清华大学出版社
4. 曹建主编.2001.HTML JavaScript 与 Java 完全实战演练.电子工业出版社